JN087961

人類はできそこないである

失敗の進化史

斎藤成也

SB新書
565

はじめに　人類は、700万年かけてできそこないになった

退化も進化の一種である

人類進化というときの「進化」という言葉について、みなさんはどのようなイメージをお持ちでしょうか。

一般に、「進化」には大きくふたつの意味があります。ひとつは、生物学的現象で、生物が長いあいだに変化し、その過程で形態・機能などが複雑化し、新しい生物種が誕生することを意味します。ふたつめは、ものごとが段階を追ってよりよいもの、より高度なものへと変化していくことを意味します。これは、生物の変化を社会に適用した結果生まれた

概念です。

一般には、このふたつの意味が重ね合わされ、「生物の進化＝生物がよりよいものへと変わること」といった理解が定着しているように思われます。しかし、私たち研究者にとって、進化とは「よりよくなること」ではありません。私たちがいえることは、生物は長い時間をかけてただ「変化」していくということだけです。

「進化」の対義語に「退化」という言葉があります。進化が「進んで化ける」のに対し、退化は「しりぞいて化ける」ことであり、進化とは正反対の意味で理解されることが多いと思います。しかし、実は「退化」も進化のひとつなのです。「進化」というと同じ方向にずっと進み続け、少しずつ優れたものになっていくイメージがありますが、実際は違います。生物の進化においては後戻りしているケースもたくさんあるからです。「退化」がまさにそれです。

たとえば、私たちヒトは「多細胞生物」です。人体はおよそ37兆個の細胞の集合体ですが、遠い祖先は単細胞生物でした。現在でも単細胞のまま生きている生物は非常に多く、単細胞から多細胞へと進化した生物はごく一部に限られます。具体的には、動物、植物、コンブやワカメなどの褐藻《かっそう》類、紅藻《こうそう》類、緑藻類の一部、そしてキノコやカビなどの仲間である菌類のグループです。ところが、キノコやカビの仲間の中には、一度多細胞になってからふたたび単細胞へと「先祖返り」した種もあります。たとえば、「パン酵母」と呼ばれる酵母の仲間で、パンを作るときに発酵させる目的で使うイーストなどがその代表例です。

生物学的に進化を研究している人間から見ると、こういった退化も進化の一種です。進んでいるか後戻りしているかは関係なく、時間的に生物が変化していくことすべてを「進化」と表現するのです。

進化は単なる「変化」に過ぎない

そもそも進化という言葉は、英語の evolution という単語の訳語として明治時代に作られました。当初は evolution の訳語に「化醇《かじゅん》」という言葉も当てられていましたが、加藤弘之の『人権新説』という本の影響で、「進化」が広く浸透したとされています。ちなみに、加藤弘之は福沢諭吉などと並んで明治期を代表する思想家で、チャールズ・ダーウィンの「進化論」を日本に紹介した人物でもあります。

そういうと、いかにもダーウィンがevolutionという単語を広めたように思われますが、実は違います。ダーウィンは1859年に有名な『種の起原』の第1版を刊行したとき、evolutionという単語は使っていませんでした。

インターネットでダーウィンの全著作を公開している「Darwin Online」というサイトを調べると、最後の第6版刊行時（1876年）になって、はじめてevolutionという単語を使ったことがわかります。

では、evolutionという単語は誰が使い出したのでしょう？　ダーウィンの友人であり先生のような存在でもあった、チャールズ・ライエルという人ではないかと考えられています。もっとも、ライエルは種が時間とともに変化していくことを否定する考え方の持ち主でした。

ダーウィンが『種の起原』を刊行した当初は、種が時間とともに変化していくことを示す単語は存在していませんでした。そもそも概念が存在しないのですから、単語が存在しなかったのも当然です。

当時のダーウィンは、mutationあるいはtransmutationという語を、「進化」と近いニュア

チャールズ・ダーウィン

ンスで使用していました。また、『種の起原』には、単語ではないdescent with modification（変化を伴う継承）という表現もときどき登場しています。

transmutationのtransには「越えて、横切って、通り抜けて、別の状態（場所）へ」といった意味があり、日本語で「変化、変形、変質、変性」などと訳されます。また、生物の分野では「変異」という訳語を当てられることが多いです。mutationも特に遺伝学の分野で「突然変異」と訳されます。このあたりのことに興味を持たれた方は、私が2011年にちくま新書から刊行した『ダーウィン入門』を参照してください。

同じ種の生物同士からは、基本的に共通の

遺伝子を持つ子どもが生まれます。しかし、同じ種の生物同士から生まれた子どもが、突然親とは量的・質的に違う遺伝子を持ち、親とは異なる形態になることがあります。これを「突然変異」といいます。

突然変異は1882年にオランダのユーゴー・ド・フリース（1848〜1935）がオオマツヨイグサに見出《みいだ》したことから提唱されるようになりました。突然変異した遺伝子は子孫へと受け継がれ、さらに突然変異を繰り返すことで、もともとの種とは大きく変化していきます。ごく簡単にいうと、この変化が進化ということになります。

つまり、突然変異と進化は密接に関係しているのです。ド・フリースの唱えた進化論は、「突然変異説」と呼ばれています。

ところで、evolutionという単語は「革命」を意味するrevolutionと非常に表記が似ています。revolutionは「回転する」を意味するラテン語のrevolutioという語に由来します。もとは天文学の分野で天体の回転運動を表わす語として使われ、そこから周期がもとに戻ることを示すのにも使われるようになり、転じて政治上の大変革を意味するようになりました。

一方、evolutionは「展開」を意味するevolvere、あるいは「巻物を解くこと」を意味するevolutioというラテン語に由来するようです。evolutionには議論や劇などの筋書きが進展する、展開するという意味もあり、それが生物学でも使われるようになりました。由来となる語は異なりますが、evolutionとrevolutionには共に「回る」（volvo）という共通の語幹があります。「回転、巻物」といった要素で通じていることがわかります。

話をもとに戻しましょう。

日本ではevolutionの訳語として「進化」という漢字が一般的に使われるようになりましたが、中国では「進化」のほかに「演化《えんか》」という語がよく見られます。おそらくevolutionを翻訳した中国の人は、生物が長い時間をかけて変化していくことを、進化という言葉に限定してしまうのに違和感を覚えたのでしょう。なかなか鋭いセンスだと思います。

本書では「進化」「退化」という言葉を使っていますが、本音をいえば私も進化や退化という言葉はあまり使いたくありません。先にもお話ししたように、日本語の「進化」という語には「より優れたものになる」、「退化」という語には「衰える、遅れた状態に戻る」というニュアンスが含まれているからです。生物が経験するのは時間的な変化だけであり、本来よし悪《あ》しなどの価値判断は含まれません。

変化の大部分は偶然によって起きるものであり、ただ偶然に変化しているだけ、というのが私の実感に近いです。

みなさんには、「進化も退化も、どちらもただの変化である」ということを前提に本書を読み進めていただければと思います。

ほとんどの研究者が「人間が一番優れた生物」と勘違いしている

進化も退化もただの変化とはいうものの、欧米の研究者の大多数は、「人間はもっとも優れた生物」であり、進化の過程でほかの生物よりも高度な能力を獲得してきたと考えています。私から見ると、一般の人よりむしろ人間の進化に興味を持って研究をしている人のほうが、そういった傾向を持っているように思います。

では、なぜ研究者の大多数が人類の優位性を認めているのでしょうか。その最大の理由はキリスト教的な価値観にあります。

キリスト教では、「神は自分の形に似せてヒトを創造した」とされています。よく知られているように、ユダヤ教とキリスト教の旧約聖書『創世記』には、最初の人間であるアダムは神にかたどって創造されたとあります。また、「土からアダムを造り、そのあばら骨からイブを造った」とする説もあります。どちらも神によって人間が作られたということに変わりはありません。

神が自分に似せて人間を創造したということが、「神に祝福された人間がほかのあらゆる動物よりも優れている」という人間中心主義の発想につながっていきます。たとえば、欧米では天文学の分野でニコラウス・コペルニクスが地動説を主張するまでは長らく「地球が宇宙の中心にあり、太陽や月が地球のまわりを回っている」とする天動説が信じられてきました。これも単なる一理論というより、キリスト教的な世界観と深く結びついた学説です。

キリスト教神学では、「神が創造した人間が住む地球こそが宇宙の中心である」と考えられてきました。旧約聖書には「天と地と大地は、神が創造した」という記述があります。当時、天動説を否定することは神を冒とくするに等しい行為だったのです。

ちなみにローマ教皇庁が天動説を放棄し、地動説を正式に認めたのは1992年のこと。当時のローマ教皇であったヨハネ・パウロ2世が、1616年と1631年の2度にわたってガリレオ・ガリレイを宗教裁判で有罪としたことの間違いを認め、公に謝罪しました。そこに至るまで、実に約400年という膨大な時間を要したのです。

人類誕生の歴史を考えても、キリスト教の主張には無理があるように思います。旧約聖書の『創世記』では神が7日間で天地を創造し、動物や人間を誕生させたということになっています。

1654年、聖書の記述をもとに「天地創造が起きたのは紀元前4004年である」とする説が唱えられ、それが長らく信じられてきました。しかし、紀元前4000年というのは、メソポタミアで世界最古の文明が発祥し、都市文明が起こった時期とあまり変わりません。要するにユダヤ人が自分たちの歴史をさかのぼって文明のルーツを人類の誕生に重ね合わせただけなのです。

そして、いまだに人間中心主義は残っています。実は最近の宇宙論でも、人間中心主義的な主張をする研究者がいます。簡単にいうと「宇宙が誕生したのは、人類を存在させるためである」という議論が一定の支持を集めているのです。欧米の研究者には神の存在を信じる人が多いのもその背景にあります。「神」という言葉を直接使わないまでも、「インテリジェント・デザイン」という知性あるものが宇宙や生命のシステムを構築したとする説を唱える人もいます。

日本にも、人類進化の分野で同じような考えを主張する研究者がいます。「神さまが人類の進化を導いた」とは明言しませんし、自分たちの学説はキリスト教の創造論とは別物であると断ってもいます。しかし、主張の中身はキリスト教の創造論とかなり似通っています。

生物進化の研究と宗教は、切り離して考えるべきものだと私は思います。「人間が優れている」という思いこみは、真実を追求するはずの研究をゆがめてしまいかねないからです。人間はなんら特別な生物ではありません。むしろ「できそこない」ですらあるのです。本書ではそのことについてお話ししていきたいと思います。

人類進化にまつわる通説の盲点

人類は特別な存在ではなく、実は「できそこない」であることをお話しする前に、まずはこれまでの進化についての学説を簡単に振り返ってみたいと思います。

「生物が長い時間をかけて変化してきた」という考え方は、ダーウィンが最初に唱えたと考えている方もおられるでしょう。けれども、実はそれ以前に生物が変転してきたと主張する説を唱えた学者がいました。フランスの博物学者ジャン＝バティスト・ラマルク（1744〜1829）です。ラマルクは1809年に『動物哲学』という著書を刊行しており、そこで提示した学説には次のふたつの柱がありました。

ひとつは、「生物は単純なものから複雑なものへと連続的に進化する」ということ。もうひとつは「ある器官をよく使えば発達し、使わなければ萎縮する。この変化がオスとメスで共通なら、その変化は子どもに遺伝する」という考え方です。

代表的な例として挙げられるのが「キリンの首」です。キリンは高いところにある木の葉っぱを食べようと首を伸ばしていました。これを続けるうちに少しずつ首が伸びていき

ジャン=バティスト・ラマルク

ました。首が長くなった個体から生まれた子孫のキリンは、親の性質を受け継いで生まれつき長い首を持つようになりました。これを長いあいだにわたって繰り返すうちに、キリンの首が現在のような形状になったというわけです。

反対に生物にとって不要なものが萎縮していく場合もあります。例として挙げられるのが「モグラの目」です。モグラは土の中でほとんど目を使う必要がないので、時間の経過とともに目が小さくなっていったと考えられます。

このように、生物にとって必要な性質は受け継がれながら獲得され、逆に不要な性質が消滅していくという考え方は「用不用説」と呼ばれています。

このラマルクの説のあとに続いたのが、ダーウィンです。ダーウィンは、共通祖先から生物が枝分かれすると考え、進化の仕組みとして「自然淘汰説」を唱えました。

ダーウィンによると、生物は生き延びられる以上の多数の子を作りますが、同じ種の生物であっても個体は少しずつ異なります。つまり、「変異」が存在しているということです。その中で、生き残って子孫を残すことができるのは環境により適応した変異を持つ個体のみです。

自然淘汰によって環境に適応した変異は子孫へと受け継がれ、一方淘汰された変異は消えていくことになります。こうしたことが長い年月をかけて続くうち、生物はしだいに変化していくという理論です。

自然淘汰の原理では、生存に有利な特徴を持つ個体は生き残って子孫を残す可能性が高まります。ダーウィンは自然淘汰について、暑さ寒さや降水量の多少など、自然環境への適応を想定していました。

しかし、それだけでは生物の進化を説明しきれないケースが出てきました。「オスとメスの違い」です。同じ種の生物でも、オスとメスで性質に大きな違いが見られることがあります。

たとえば、オスのシカは大きな角を持っています。けれども、目立ち過ぎて外敵に見つかりやすかったり、角を作るために余計なエネルギーを必要としたりします。このように、一見すると生存競争において不利に思える特徴が現われるのはどうしてでしょうか。

ダーウィンは「繁殖」に着目しました。前述した特徴は繁殖相手を獲得するときに有利に働くのではないかと考えたのです。シカの角はオス同士で縄張り争いをするときに役立ち、クジャクのはではでしい羽根は異性への性的なアピールに有効であるなら、これらの性質を持つオスは子孫を残し、持っていないオスは選ばれずに淘汰されることになります。このように異性をめぐる競争を通じて進化が起こることを「性淘汰」といいます。

ダーウィンの進化論は生物学を離れ、社会科学や現代思想の分野にも大きな影響を与えました。1860年代からイギリスの社会学者であるハーバード・スペンサーらによって「社会進化論」が唱えられ、自由放任主義や欧米人を「進歩者」とみなす差別主義を正当化する一方で、社会福祉を否定し貧富の格差を容認する主張が展開されるようになったのです。

日本でも前述した加藤弘之らによって社会進化論が紹介され、「天賦人権説（人間は生まれながらにして自由・平等であり、幸福を追求する権利があるとする思想）」に対抗する思想として広がりました。要するに、ダーウィンの進化論は弱肉強食、優勝劣敗の考え方を後押しする理論として利用されたのです。

しかし、ダーウィン自身は進化を進歩であるとはとらえていませんでしたし、生物種に高等とか下等といった区別をつけていたわけでもありません。いずれにしてもダーウィンの学説は後《のち》の研究者に大きな影響を与えました。現在でもダーウィンの進化論を主張する人は大勢います。

人類の進化史を逆説的に読み解く

先にお話ししたように、ダーウィンの自然淘汰説では生存に有利な突然変異を起こした個体が子孫を残し、適さないものは淘汰されると考えられました。

これに対して、突然変異は生物の生存競争において有利でも不利でもない中立的なものであり、これが進化の主要な要因であるとする考えが出てきました。この考え方を「中立

木村資生

進化論（中立説）」といいます。

中立説は、木村資生《もとお》氏が1968年に提唱した概念です。翌1969年にはアメリカのジャック・レスター・キングとトーマス・ジュークスというふたりの研究者がさまざまな分子データ（タンパク質のアミノ酸配列データ）の解析結果を示し中立説を主張しました。現在では広く支持されています。

中立説でも自然淘汰説と同じように突然変異が進化に寄与すると考えられています。突然変異はなんの脈絡もなく起こるため、進化に有利なものもあれば不利なものもあります。大多数の変異は生物の進化に有利でも不利でもなく、中立なもの。それが偶然広まった結果進化が起こる、というのが中立説の主張です。要するに、「たまたま運よく生き残って受け継がれた結果が進化である」というわけです。

たとえば、地球が太陽系の第三惑星になったのは偶然であり、偶然の結果として生命が誕生し、そのおかげで私たちの現在の生命があるわけです。それと同じように、人類が現在のような姿で生きているのも偶然によるものと考えます。

人間の顔を例に挙げてお話しするともっとわかりやすいかもしれません。たとえば、人間の鼻が高くなるか低くなるか、あるいは目が大きくなるか小さくなるかには、遺伝子が関係しています。

進化は特定の遺伝子を持つ子孫が増えることで起こります。仮に、鼻が高くなる遺伝子を持つ子孫が増え、鼻が低くなる遺伝子を持つ子孫がほとんどいなくなれば、人間の鼻は全般的に高くなる方向へと進化していきます。

それにプラスして、性淘汰の考えでは異性をめぐる競争を通じて進化が起こります。つまり、鼻が高い人間がパートナーを選ぶ上で有利に立ち、子孫を残しやすくなるとすると、やがて世界中は鼻が高い人間ばかりになるはずです。

けれども、実際には鼻が高い人もいれば低い人もいます。世の中にはさまざまな顔形の人が存在します。別の言い方をすれば、遺伝子の多様性は保たれています。そう考えると、特定の顔形を決める遺伝子を持っているからといって子孫をたくさん残せるとは限らないということです。

そこで中立進化の考えでは、鼻が高くなるか低くなるか、目が大きいか小さいかは偶然で決まると説明します。仮に鼻が高い人ばかりになっても、それは「たまたま」そうなっただけ。鼻が低い人が多数派になる可能性も同じくらいの確率であったということになります。

ところで今、進化は偶然の産物であるといいましたが、すべての進化が中立的なものというわけではありません。中には例外もあります。

一例を挙げると、私たちの胃の中には「リゾチーム」という酵素が存在しています。リゾチームは細胞を保護する細胞壁を攻撃する働きがあり、微生物の感染から私たちの体を守る役割を担っています。

この酵素は、もともと鼻の粘膜で見つかりました。鼻水のpHはアルカリ性でも酸性でもなく中性です。しかし、胃の中ではご存じのように酸性度の強い塩酸(胃酸)が分泌されています。つまり胃は酸性度が高く、鼻水の中にあるのと同じリゾチームには働きにくい環境です。

ところが、あるとき突然変異によって酸性の環境でもバクテリアを少し強く攻撃できるリゾチームが出現しました。酸性に強いほうが生存に有利なので、長い時間をかけてリゾチームはより酸性の強い環境でも働くことができるものへと進化してきました。これはたしかに、自然淘汰によるものと考えるのが正しいように思えます。

もうひとつの例外は、「耳あか」です。

日本人の耳あかの約8〜9割はドライタイプ、つまりカサカサしていることがわかっています。ところがヨーロッパの人々ではこの割合が逆転し、約8〜9割の人がウェットタイプ、つまりネバネバした耳あかです。なお、アフリカに住む人々は100%ウェットタイプです。

ドライタイプかウェットタイプかは、耳あかの種類を決める遺伝子の違いによります。そして、この耳あかのタイプを決める遺伝子は、細胞の膜でポンプの働きをするタンパク質を作ります。

ポンプの作用が強いと細胞内のカス（分泌物）を外に送り出すことができます。皮膚からはがれたあかやほこりが汗などの分泌物と混ざってウェットタイプの耳あかになるのです。ポンプの働きが弱いと細胞のカス（分泌物）が体内に残るため、皮膚からはがれたあかやほこりは汗などの分泌物と混ざり合わず耳あかはドライになるというわけです。

ポンプの作用が強いほうが生存に有利だと考える研究者が多いのですが、私はこの考え方には少し懐疑的です。耳あかのタイプの違いは中立的な進化によるものだと思うのです。というのも、耳あかのタイプがドライでもウェットでも、それが生存を左右するとは思えないからです。先に述べたように、日本を含む東アジアではドライタイプが多い傾向ははっきりしていますが、それが自然淘汰によるものだとは思えません。もっともこの違いについて、「東アジアではなんらかの理由でドライタイプのほうが生存上有利だったから、ドライタイプが増えていったのだ」と主張する研究者もいます。ここで前提となっているのは、ダーウィン流の自然淘汰の考え方です。

実はダーウィン自身、中立進化の考え方にまったく気づいていなかったわけではありません。彼も中立進化のようなものが見られることは理解していたし、認めてもいます。ただ、進化の大部分は自然淘汰であり、ごくまれに中立進化も起こり得る、といった立場を取っていました。

人類進化の分野でダーウィンの影響力は大きいので、現在でもダーウィンの考え方を支持する研究者は少なくありません。こういった研究者の中には、「中立進化はダーウィンの考え方を少し変えただけ」「別の学説のようでありながら、実際には同じような考え方である」などと主張する人もいます。しかしこれはとんでもない間違いだと思うのです。

本書では、中立進化の観点から人類の進化をとらえ直し、人類がよりよく変化してきたどころか、できそこないとして偶然生きているだけであることを解き明かしていきたいと思います。

人類はできそこないである／目次

第2章

アフリカから追い出された人類
——常識を覆す人類の移動史

第3章

人類は進化の過程でなにを失ったのか
——進化とは「トレードオフ」である

第4章

私たちに今も残る、できそこないの痕跡
——がらくたDNAも遺伝する

第5章

人類の進化に「完成形」は存在しない
——私たちはどこへ向かうのか

第1章

人類は「負け犬」だった

——生存競争に敗れて、住み慣れた森を去った

私たちは「燃えかす」から誕生した

この章では、私が提唱する「人類負け犬説」に基づいて、人類進化の全史を振り返ってみたいと思います。

まず、人類の進化は生物の誕生、さらに宇宙の誕生にまでさかのぼることができます。「宇宙は何もなかったところから偶然に誕生した」というのが、私が理解している最新の宇宙像です。宇宙の年齢は138億歳とされており、138億年前に「ビッグバン」と呼ばれる爆発によって誕生したというのが定説です。

もともと宇宙に物質は存在せず、エネルギー（光）となっていました。物質と反物質が生じることもありましたが、すぐに互いに打ち消し合って消滅しました。ところが、物質と反物質の割合には偏りがあり、少しだけ物質のほうが多かったため、いわば「残りかす」のような形で物質の存在する宇宙が誕生したのです。

最初は、水素やヘリウムなどのガスが存在し、時間をかけて重力によってガスが引き寄せられていき、星が作られました。星の内部では炭素やそれ以上に重い元素が合成され、この星がやがて大爆発（超新星爆発）を起こして新たな星を誕生させ、銀河を形成し、恒星を誕生させます。

長い宇宙の歴史の中で、太陽系が形成されたのは約50億年前とされています。最初にできた恒星は爆発によって消え去ったため、太陽系は第二世代の惑星系のひとつとされています。

宇宙全体の歴史を見ると、太陽系ができたのはかなりあとになってからです。第一世代の恒星が超新星爆発をした結果、星の内部で作られた元素が宇宙に散らばり、その燃えかすが地球を形成しました。そのおかげで地球には誕生時からさまざまな元素が存在し、その中には生命の誕生に不可欠な炭素（C）、水素（H）、酸素（O）、窒素（N）、硫黄（S）、リン（P）が含まれていたわけです。長い時間をかけて現在の地球で自然界に存在する92の元素が誕生しました。

アメリカの天文学者であるカール・セーガンは、このことを指して「私たちは星くずでできている」といいました。燃えかすや星くずから生命が誕生したという表現、いいですよね。

さて、地球が誕生したのは約45億年前です。その後約5億年かけて酸素と水素が結合したものが水（水蒸気）となり、長い年月を経て冷えて雨となり、降り注いで海が形成されたと考えられています。

地球上に生命が誕生したのは約38億年前。海には高濃度の有機物が蓄積しており、その中からあるとき細胞が誕生しました。細胞が誕生したくわしい経緯については、まだよくわかっていません。生命の誕生は現代生物学の大きな謎となっています。

ただ、なんらかの理由で遺伝物質としてDNAを持ち、DNAからRNAに転写された情報に基づいてタンパク質が作られるというシステムができあがりました。DNAという「物質」と、アデニン（A）、グアニン（G）、シトシン（C）、チミン（T）という4つの塩基の配列が生物の設計図になるという「情報」が両立したのです。これが生命誕生の驚異的なところです。

細胞を持つ生物は、細胞核を持つ真核生物と細胞核を持たない原核生物に分けられます。地球に誕生した当初の生命体は原核生物でした。

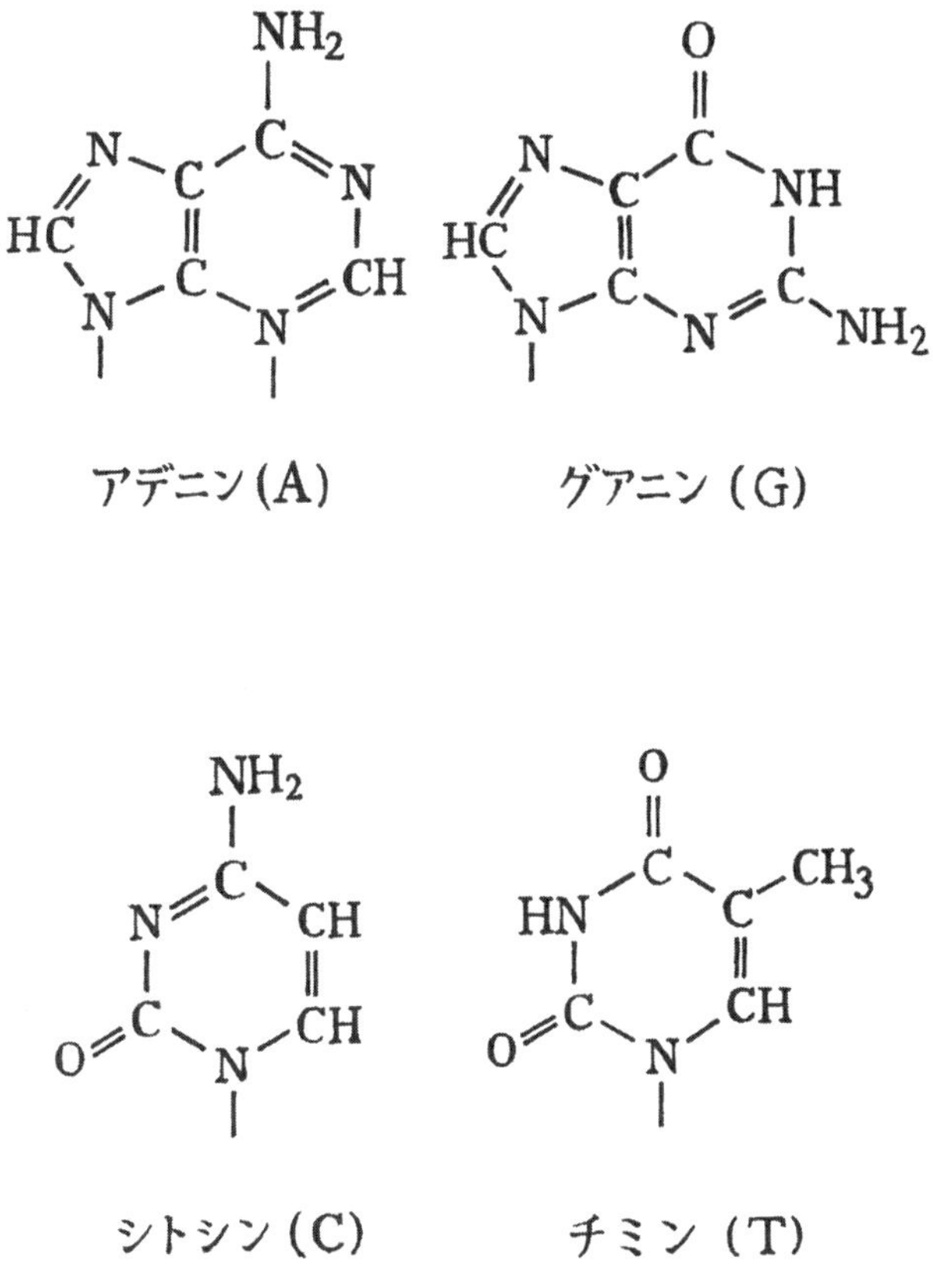

4種類のヌクレオチド

原核生物は「バクテリア」と「アーキア」に分けられます。バクテリアは真正細菌と呼ばれることもありますが、大腸菌や納豆菌など一般的な細菌を指します。アーキアは古細菌と呼ばれることもありますが、メタンを生成するメタン菌や高温環境を好む好熱菌などがあります。

原始的な真核生物は、アーキアのある系統が進化して誕生したと考えられています。原始的な細胞の微化石を解析した結果、真核生物は21億年前には誕生していたのではないかといわれています。最古の真核生物と見られるグリパニアは単細胞です。単細胞生物とは体がひとつの細胞で構成されている生物です。現在でも、酵母やアメーバ、ミドリムシなど、単細胞の真核生物は数多く存在します。

真核生物が進化する上での大きな特徴は、酸素呼吸を通じて効率よくエネルギー生産を行なうことができる「ミトコンドリア」と、酸素を作り出す光合成を行なう「葉緑体」を獲得したことです。

バクテリアには光合成を行なうものと呼吸をするものがいましたが、それらが真核生物の細胞内に取り込まれて共生しました。その結果、真核生物はミトコンドリアと葉緑体を持つようになったのです。

さらに、単細胞生物だった真核生物の一部は、進化の過程で多細胞化して「多細胞生物」になりました。多細胞生物は体が複数の細胞で構成される生物で、肉眼で見ることができる生物のほとんどは多細胞生物です。私は「寄り集まらないと生きていけない」という消極的な理由からたまたまなにかのきっかけで細胞同士がくっつき、多細胞生物が生まれたのではないか、と考えています。

現在、人間は数十兆にもおよぶ細胞がまとまった個体として生きています。細胞がたくさんあることを当たり前のように考えていますが、多細胞生物が誕生したのは約10億年前です。それまで25億年近くは単細胞生物だけが生きていたのです。

つまり、生物が誕生してからの長い歴史を考えると、単細胞生物の祖先からヒトを含む動物が誕生したのは比較的最近のことなのです。遺伝子はそれなりに変化したようです。

多細胞生物に進化することが繁栄の重要条件のように思われるかもしれませんが、必ずしもそうではありません。現に、今も単細胞の真核生物はたくさん存在していますし、単細胞であるバクテリアやアーキアもたくさんいます。多細胞生物は、今、たまたま繁栄しているだけ。もともとは細々と生きてきたのではないかと思っています。

人類の祖先は、木登りネズミ

多細胞生物は、植物、動物、菌類、褐藻類などの系統ごとに独立して誕生しました。動物は大きく「脊椎《せきつい》動物」と「無脊椎動物」に分けることができます。脊椎動物は背骨を中心軸に体を支えている動物です。ひと言で「脊椎動物」といっても、魚類、両生類、爬《は》虫《ちゅう》類、鳥類、哺乳類とさまざまな種類に分かれます。哺乳類に含まれるヒトは当然ながら脊椎動物です。

脊椎動物は、古生代以降から存在すると考えられています。中期以降に両生類、後期以降に爬虫類、そして中生代初期以降の地層で哺乳類の化石が発見されています。つまり、脊椎動物は、魚類→両生類→爬虫類→哺乳類の順に出現したということです。

魚類が進化して最初に陸に上がったのは、「イクチオステガ」です。イクチオステガは3億7000万年前（デボン紀末期）に生息していた最古の両生類。現代でも、有明海沿岸には干潟上で動き回るムツゴロウのような魚がいますが、おそらく最初に陸上に上がった両生類は、あのようなイメージで活動していたと思います。

陸に上がった脊椎動物は、たまたま乾燥に強かったので陸上で長く過ごすようになりました。海の面積のほうが圧倒的に大きいわけですから、海に住み続けてもよさそうなものですが、やむを得ない事情があって仕方なく地上に出てきたのかもしれません。

さらに時代が下ると、両生類の仲間の中から卵が乾燥に耐えられるように羊膜《ようまく》という膜で守る「羊膜類」が現われます。羊膜は人間の赤ちゃんが母親の胎内にいるときにも、赤ちゃんを包む卵膜の一部としてできます。

この羊膜類の中から、硬い殻の卵を産み、より陸上生活に適した爬虫類が登場しました。爬虫類が誕生したのは約3億年前とされています。

両生類から爬虫類への分岐があった頃、両生類からは別の新たな種類の生物が誕生しました。「単弓類《たんきゅうるい》」と呼ばれる四肢動物のグループです。単弓類は古生代ペルム紀（約2億9900万～約2億5200万年前）には、地上の覇者として君臨します。

単弓類の化石のひとつに、肉食性の「ディメトロドン」があります。背中に大きな帆のようなものがついていて、体長は3mほどありました。単弓類はペルム紀末の大量絶滅で大きく数を減らしましたが、いくつかのグループは生き残り、中生代三畳紀初期（約2億

5000万年前頃）になると体が大型化しました。そして、単弓類のうち「キノドン類」というグループから枝分かれして誕生したのが「哺乳類」です。

恐竜が主役だった時代、地上では脇役だった哺乳類ですが、恐竜時代から多様に進化してきたのです。多くは食虫性で体は小さかったのですが、白亜紀前期には体長1mほどの肉食性哺乳類もいました。そして、恐竜絶滅後の空白を生かして繁栄し、大型化したクジラの祖先は海で生活するようになりました。新生代新第三紀（約2300万～260万年前）には、ゾウやウマ、シカの仲間など、現在の哺乳類の祖先がほぼ登場しています。

現存する哺乳類の中でもっとも原始的とされるカモノハシは、卵で子どもを産み、母乳で育てることで知られています。私たちの祖先ももともとは卵を産んでいました。そこから、突然変異で卵を産み落とすことができなくなり、親の体内で卵がかえるようになったと考えられています。哺乳類以外で親の体内で卵がかえり、幼生や幼虫の形で産み出されることを「卵胎生」といいます。タニシやグッピー、マムシなどは卵胎生の動物です。

その後、哺乳類は子宮や胎盤が形成されるようになり、卵胎生から胎生（受精した卵が胚として発育し、成体と同じような体形となって生まれること）へ移行したのでしょう。

しかしながら、胎生になったことが哺乳類にとって全面的に有利になったとは思えません。母親が子どもの生命を守るという意味では有利かもしれませんが、体外に卵を産みっぱなしのほうが効率的だからです。

哺乳類が生き残ることができたのは、ダーウィンの考えでいうと「胎生になったことが生存に有利だったから」という理屈になります。実際には卵を産んでも胎生でもどちらでも生き残ることはできたのではないかと思うのです。

さて、哺乳類における子育ての最大の特徴は「授乳」にあります。これは霊長類、そして人類も受け継いでいる特徴です。

授乳では、母親が子育てに深くかかわることに意味があります。たとえば、爬虫類を見てみましょう。ウミガメなどは産卵期になると母亀が各地の海岸に上陸し、たくさんの数の卵を産み落とします。母亀は産卵が終わると砂をかけて卵を地面に埋め、ふたたび海へと帰っていきます。

卵から孵化《ふか》した子亀は、親に守られることなくさまざまな外敵の脅威にさらされながら自力で生き抜いていかなければなりません。子亀の生存率は5000匹に1匹、0・00

2％ほどですから、いかに過酷なサバイバルかがわかるでしょう。

一方、哺乳類は親が子どもを大事に育てるので、高い生存率を確保することができ結果として繁栄していきます。

この哺乳類は1億年ほど前にローラシア大陸（現在の北アメリカ・ユーラシアのもととなった北半球の大陸）のどこかで進化しました。具体的には、木の幹をつかみやすい手を獲得するという変化です。今のところ遺伝子の解析は進んでいませんが、この変化も偶然によるものかもしれません。

木の幹がつかみやすいということは、木に登りやすいことを意味します。偶然、木に登ることができるようになり、外敵から逃げやすくなったことで、生存しやすくなったのかもしれません。

そして、約6500万年前の東南アジア周辺、木に登る哺乳類の中から霊長類が登場します。最古の霊長類はネズミのような姿をしていたとされます。この木登りネズミは活発に運動する夜行性の動物で、木の上と地上を四足歩行し、木をよじ登ったり走ったり飛んだりしていたと考えられています。

6500万年～5500万年前頃の化石が見つかっているプレシアダピスは、初期の霊長類と考えられている動物です。プレシアダピスは、今日現存している生物でいうと、インドから中国南部、東南アジアにかけて生息し、キネズミとも呼ばれるツパイという小動物に近い生き物でした。ツパイは、サルの仲間というよりリスやネズミに近い見た目です。同様の生物に、マレー半島やジャワ島、フィリピンなど東南アジアに生息するヒヨケザルがいます。ヒヨケザルは名前に「サル」がついていますが、ムササビやモモンガのように体に薄い膜があり、それを広げて滑空できるユニークな生物です。

ツパイは、かつて原始的な形態を持つ霊長類に分類されていました。ですが、ミトコンドリアDNAにある12個の遺伝子の塩基配列をほかの生物と比較したところ、ネズミやウサギの仲間と近縁であることがわかっています。ツパイは食虫類から霊長類へと変化したことを示す生きた証拠と見なされていましたが、それは間違いでした。原始的な霊長類はツパイやヒヨケザルのように木の上と地上を四足で移動していたのです。

その後、始新世（5500万年～3800万年前）に入ると、ヨーロッパと北アフリカでより大きな目を備えたアダピス類とオモミス類というふたつのグループのサルが現われます。

アダピス類からは現在のキツネザルの祖先が誕生しました。オモミス類からは現在のメガネザルの祖先と「真猿類」と呼ばれるグループが現われました。

真猿類も木の上で四足歩行で木登りをしていたとされます。その頃になると大柄で発達した筋肉と頑丈な骨格を持つ種も現われました。

この真猿類は左右の鼻の穴が広く、外側に向いている「広鼻猿類」と、左右の鼻の穴が狭く、下を向いている「狭鼻猿類」に分かれます。広鼻猿類は「新世界ザル」とも呼ばれ、その多くは物につかまることができる長い尾を持っていました。このグループから現在のクモザルやリスザルなどが誕生しました。

一方、狭鼻猿類はニホンザルやテングザルなどの「旧世界ザル」と、「類人猿」とヒトを含む「ヒト上科」と呼ばれるグループに分かれました。

類人猿は現在のテナガザルにつながる小型類人猿のほか、約1400万年前にはオランウータン、約1000万年前にはゴリラの系統へと分かれていきます。

現在、東南アジアに生息するテナガザルは、木の枝にぶら下がりながら交互に枝をつかんで移動し（ブラキエーション）、多くの時間を木の上で過ごしています。これに対し、もっと大きな体を持つゴリラやヒトは地上で生活をしています。

おそらく2000万年ほど前、テナガザルのように体が小さいまま樹上生活をするグループと、ゴリラのように体が大きくなって地上生活をすることが多いグループに分かれたのでしょう。

たとえば動物園などで人気のカピバラは、リスやネズミなどと同じげっ歯類ですが、全長106〜134cmと、リスやネズミにくらべてかなり大きいです。それと同じように、ゴリラなどの仲間もなんらかの理由で大型化が起こったのではないか？　と推測されます。体が大きくなると、細い枝では折れてしまうので登ることができる木は限られます。そこで、大型化したグループは木の上と地上の両方で生活するようになりました。体が大きいことで、外敵から身も守りやすくなりますから、地上に降りてもなんとか生き延びることができたのでしょう。

化石の研究によると、現在は東南アジアにしか生息しないテナガザルやオランウータンの系統が数百万年前にはヨーロッパやアフリカに至るまで広く繁栄していたことがわかっています。

つまり、木に登る霊長類の祖先が誕生し、各地に広がって、約900万年前にアフリカ

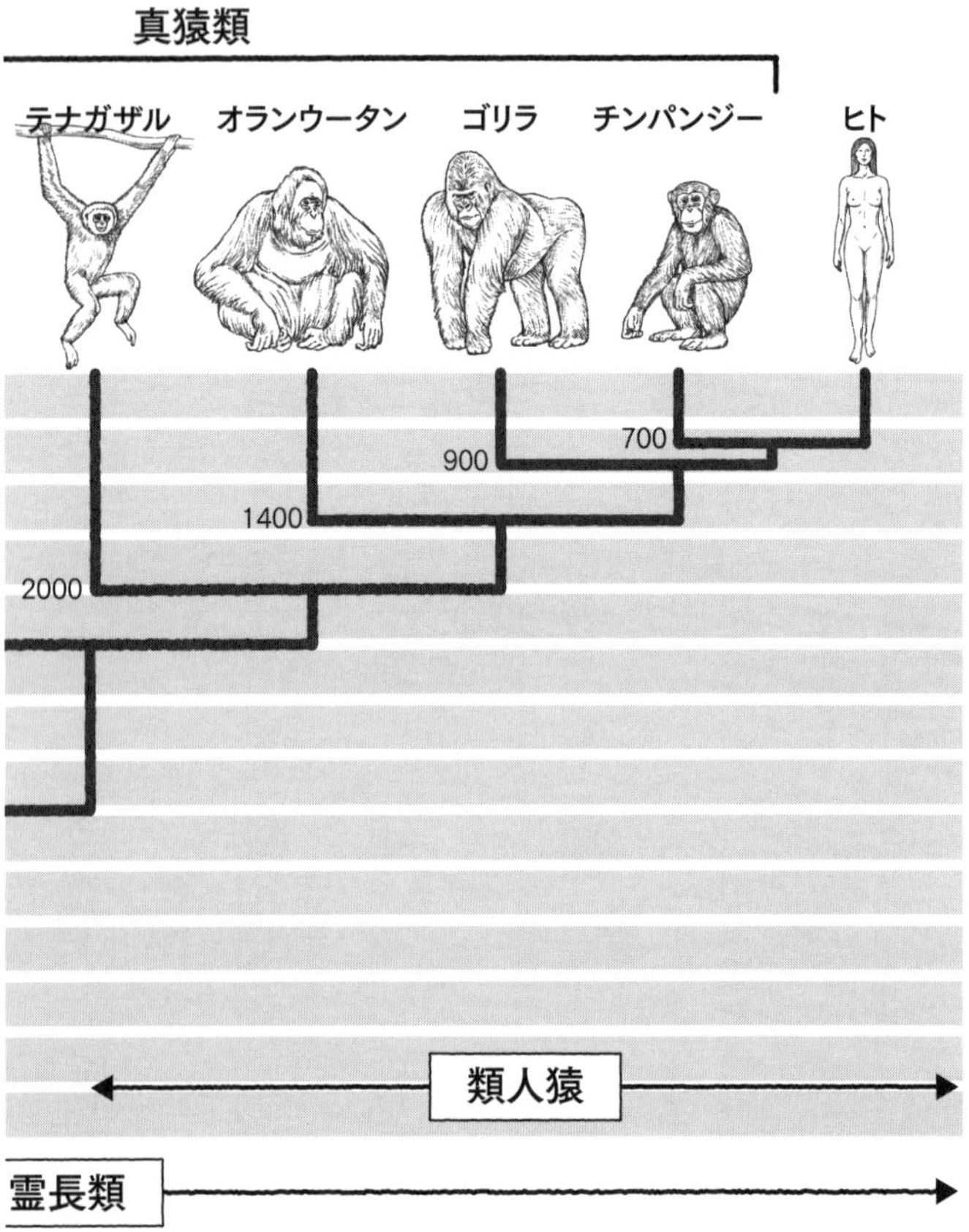
真猿類
テナガザル
オランウータン
ゴリラ
チンパンジー
ヒト
700
900
1400
2000
類人猿
霊長類

霊長類の系統樹

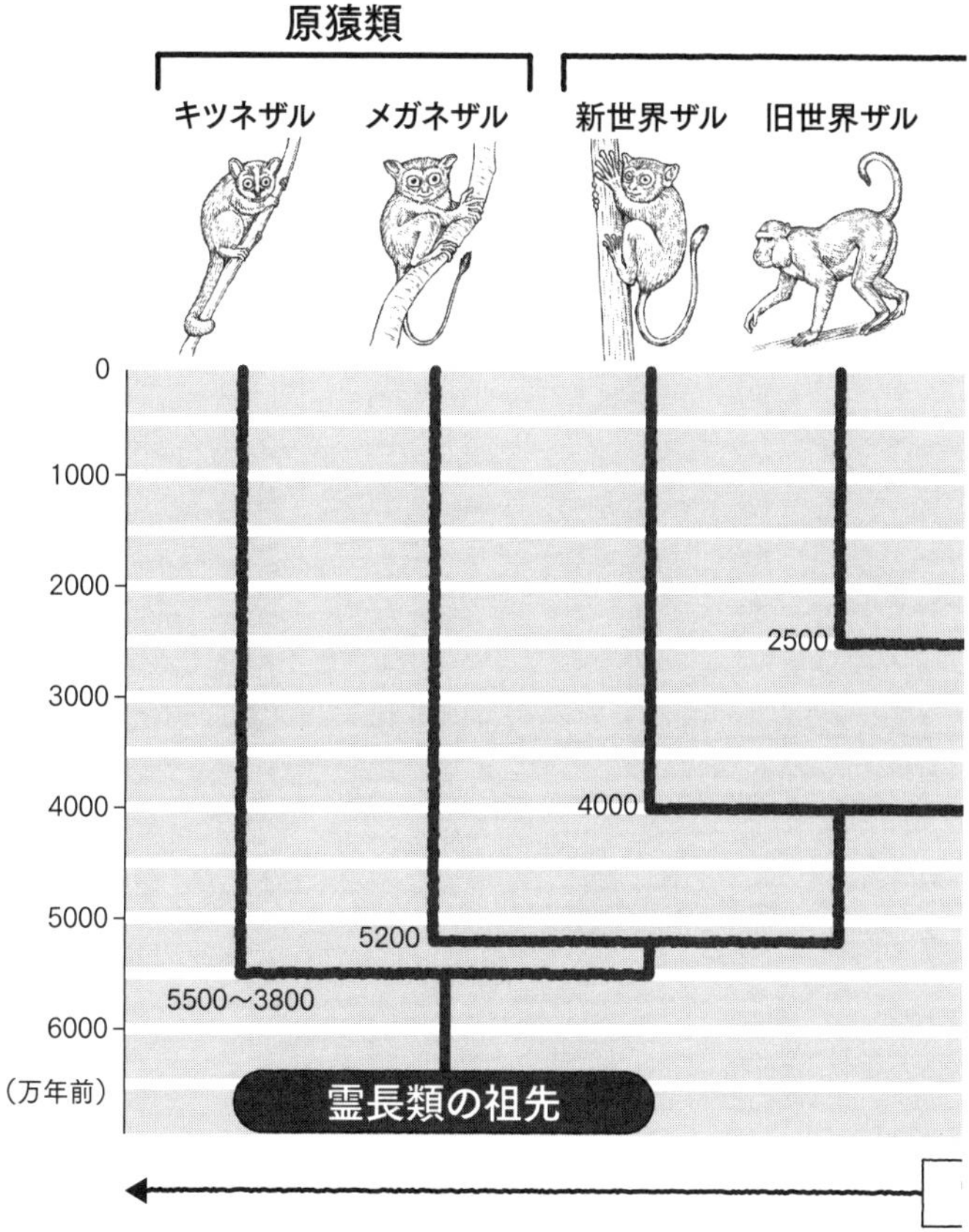
原猿類
キツネザル
メガネザル
新世界ザル
旧世界ザル
0
1000
2000
3000
4000
5000
6000
(万年前)
2500
4000
5200
5500〜3800
霊長類の祖先

でヒト、チンパンジー、ゴリラの共通祖先がゴリラの系統とヒト、チンパンジーの共通祖先系統に分岐したと考えられます。さらに、約700万年前にヒトとチンパンジーの共通祖先が分かれました。

700万年前のアフリカで、人類の歴史がはじまった

ヒトとチンパンジーの共通祖先はどのような生き物だったのか？　実はまだまだわからないことも多く、はっきりしたことはいえません。もしかすると、ヒトとチンパンジーを足して2で割ったような感じだったのかもしれません。体はそれほど大きくはなく、木に登って木の実や果物をとり、それを主食にしていたようです。硬い木の実も砕いて食べることができる頑丈な顎と歯を持っていたと思われます。

共通祖先は木の上で生活するだけでなく、地上に降りて現在のゴリラやチンパンジーと同じく、手の指を軽く握り、地面に指関節の背側をつけて歩くナックルウォーキングをしていたと考えられています。

ナックルウォーキングをすると、手の平を地面につけて歩くより肩から地面までの長さが伸びる分、体を起こすことができます。すると、視点が高くなりより遠くまで見渡せるようになります。そうすることで、外敵の襲来をいち早くキャッチしたり、食べ物を見つけたりできるようになったという考え方があります。こうして地上を直立二足歩行する人類の祖先が出現したと思われます。

ただし、最近の研究では地上に降りてから二足歩行がはじまったのではなく、ヒトとチンパンジーの共通祖先は二足歩行をしながらも、半樹上半地上の生活を送っていたという説が有力です。現在のチンパンジーが、地上ではナックルウォーキングで行動しながらも、夜になると毎回木に寝床を作って睡眠を取るのと似たようなイメージです。

私は、ヒトとチンパンジーの共通祖先は、木の上では今のチンパンジーよりも直立する時間が長かったのではないかと思っています。そこから主に四足歩行をするチンパンジーの祖先と、直立二足歩行がメインの人類の祖先とに分岐したのではないでしょうか。

チンパンジーのナックルウォーキング

では、最初の人類はどこで誕生したのでしょうか。19世紀末~20世紀初頭の研究者は、人類誕生の地を熱帯地方であると考えました。サルは熱帯地方に生息する動物なので自然な推理です。

霊長類の原生種が生息する熱帯地域はアフリカ、アジア。ダーウィンは中でもアフリカに注目していました。ヒトとよく似たチンパンジーとゴリラが生息する地域だったからです。

ところが当時の学界では、「アジアが人類誕生の地である」という見解が主流でした。アフリカを「暗黒大陸」であるとみなし、人類誕生の地に相応しくないと考える研究者が多かったのです。ときには研究者の中にも非科学的な思考をする人がいるのです。

その後、初期人類の化石がアフリカで次々発見され、1980年代になるとDNAを直接調べることができるようになりました。アラン・ウィルソンらが推定したミトコンドリアDNAの系統樹では、共通祖先からアフリカ人の系統が何度にもわたって分岐していました。このことから、現代人の祖先がアフリカで誕生し、やがて全世界に広まったとする説が唱えられるようになりました。当初は異論もありましたが、現在では「アフリカ単一起源説」が定説となっています。

前述したように、ヒトがチンパンジーとの共通祖先から枝分かれしたのは、推定で約700万年前。2001年に、中央アフリカのチャドで約700万年前のものとされる初期猿人の頭部が発見されました。チンパンジーとの共通祖先から枝分かれした直後の猿人として出土地の名を冠した「サヘラントロプス」（サヘルの人）と名づけられました。

サヘラントロプスの脳は約350mlで、現代人の4分の1程度の小ささです。身長も大人で120cmと小柄でした。サヘラントロプスの頭骨の化石には、胴体とつながるための穴がほぼ真下に位置しています。背骨の上に頭が垂直に乗っていたことを意味しており、直立二足歩行をしていたと考えられています。

また、2000年にはケニアで600万年ほど前のオロリンという初期猿人の化石が発見されています。

1994年、エチオピアで440万年前のものと見られるアルディピテクス・ラミダス（ラミダス猿人）のほぼ全身骨格の化石が発見されました。その化石をもとに、東京大学総合研究博物館特任教授の諏訪元氏らの研究グループはラミダス猿人の全身像を復元することに成功し、その生態が明らかになったのです。

ラミダス猿人は身長120cm、体重50kgと小柄で、脳の容量は300〜350mlとチンパンジー程度でした。これは、サヘラントロプスと大差はありません。ラミダス猿人の骨盤はチンパンジーより短く、直立二足歩行をしていたようです。ナックルウォーキングはしていませんでした。

一方、足を見ると、チンパンジーと同様に足の親指とほかの4本の指の間を大きく開くことができました。足指で枝をつかみ、木登りをしていたことがうかがえます。つまり、ラミダス猿人は森を中心に地上生活と樹上生活を両立させ、地上では二足歩行、木の上では四足歩行で過ごしていたようです。

ラミダス猿人の犬歯は小さいことから硬いものではなく、森の果物や葉、昆虫などを食べていました。犬歯が小さいのは同性間で食物やメスをめぐっての争いがそれほど激しくなかったことも示唆しています。オス同士の争いが激しく、犬歯も発達しているチンパンジーとは対照的です。

手の指が長く、手の平は短く、ナックルウォーキングはしていなかったようです。現代人のように両手をつくときには手の平全体で体重を支えていたということです。

論文によれば、アルディピテクスの「アルディ」はエチオピアの現地の言葉で「根っこ」、「ピテクス」はギリシャ語で「サル」を意味するそうです。つまり、アルディピテクスは、ヒトとチンパンジーの共通祖先の根っこに近いサルということができます。

猿人の代表的な種のひとつが「アウストラロピテクス」です。アウストラロピテクスの頭蓋骨は1924年に南アフリカではじめて発見されました。1974年には約320万年前の成人女性の化石が完全な骨格で出土しました。この化石は発掘されたとき、発掘隊が流していたビートルズの曲「Lucy in the Sky with Diamonds」にちなんで「ルーシー」と名づけられました。

ルーシーは身長105㎝、脳の大きさは400㎖程度。アウストラロピテクスは内臓の重さを支えるために骨盤が幅広になっていて、直立二足歩行だったことがわかります。

人類はやむを得ず立ち上がった

多くの研究者は、チンパンジーと人類が分岐したのはチンパンジーの祖先が森で生き抜くには直立二足歩行は不利であり、人類の祖先が森を出てサバンナで生き抜くには二足歩行が有利だったためと考えているようです。

それが本当に正しいのかはよくわかりませんが、少なくとも、私は進化の大部分が「中立進化」であることを確信しています。このため、チンパンジーと人類の分岐にも中立進化が大きく影響しているだろうと考えています。

ヒトとチンパンジーが共通祖先から枝分かれすることになったひとつの理由として考えられるのは「火山活動」です。

ヒトとチンパンジーとが分岐した頃、アフリカ大陸では大きな地殻変動が起き、火山活動も活発に行なわれるようになりました。アフリカ大陸の東側では全長4000㎞にもわたる大断層が発生し、大地溝帯が形成されました。同時に大地溝帯の西側には標高3000mを超える広大な隆起帯も形成されました。

簡単にいうと、地殻変動と火山の大爆発によって生物の居住区が東西に分断されました。チンパンジーの祖先はアフリカの西側に、人類の祖先は東側に分かれた可能性があるのです。実際、アフリカ大陸の大地溝帯の西側ではチンパンジーの化石がたくさん見つかっています。他方で、直立二足歩行の猿人の化石は、多くが東アフリカで見つかっています。

私たち生物進化の研究者から見れば、火山の爆発は偶然の出来事であり、ヒトがチンパンジーとの共通祖先から枝分かれしたのもまったくの偶然といえます。

チンパンジーに負けて森に居場所を失った?

もうひとつの理由として考えられるのは、ヒトとチンパンジーの祖先同士が仲間割れをした、もっというと「ヒトがチンパンジーに負けた」という説です。あるいは、前述した火山活動の際に一緒に逃げた仲間が、その後、なんらかの理由で仲間割れをして分裂した可能性もあります。

仲間割れは、ニホンザルでも群れが100頭前後になると起こる確率が高まるとされているので、あり得ない話ではありません。

このとき、人類の祖先は森林の境界にいたと考えられます。本当は生活していた森にい続けたかったのに、チンパンジーの祖先との勢力争いに負けて、仕方なく草原地帯であるサバンナに出て暮らすようになったのかもしれません。

現在の一般的な学説からすると、私の考え方が少し飛躍しているように聞こえるかもしれません。有力とされる説では、もともと四足歩行をしていたグループの中から直立歩行をするグループが現われ、木の上より地上で生活したほうが生存上有利だったためにサバンナに進出したと考えられています。

しかし、やはり私は「人類負け犬説」を唱えたいと思っています。というのも、基本的に生物はぐうたらな存在だからです。ぐうたらというのは、あえて新しい環境に踏み出そうとは考えないということ。おそらく、人類の祖先も住み慣れた森から出たくなかったと思うのです。しかし、木の上で高い運動能力を発揮するチンパンジーの祖先にかなわなかった人類の祖先は、別の世界で生きる必要に迫られ、泣く泣くサバンナで暮らさざるを得なかったのではないでしょうか。

「チンパンジーよりヒトのほうが偉い」という先入観を持つと、サバンナで暮らすことになったヒトのほうが賢い選択をした、「ヒトは二足歩行という優れた機能を手に入れた」と考えがちです。

でも、チンパンジーの側から見れば、わざわざ住環境を変えることなく生きやすい森の中で生き続けてきただけであり、自分たちがヒトより劣っているなどとは考えていないはずです。

ですが、今のところ私の人類負け犬説を裏付ける材料はまだ出てきていません。

ヒトとチンパンジーのゲノム（DNAの全遺伝情報）が解読されたのが2004～2005年のことで、ヒトとチンパンジーの単一塩基の違いは1・2％であることがわかりました。

「1・2％しか違わない」というと、ヒトとチンパンジーはほとんど同じもののような印象を与えます。けれども、ヒトもチンパンジーもゲノムには約30億個のATGC（塩基配列）が書き込まれているので、30億の1％でも3000万の文字が異なります。そう考えると、1・2％はけっこう大きな違いです。

ゲノム解読からまだ15年ほどしか経っていないこともあり、現段階ではそこまで研究が進んでいませんが、近い将来にチンパンジーと異なる3000万字の持つ意味が解読できるようになると、人類とチンパンジーの祖先がいつ、どのように分岐したのかが判明するはずです。そのとき私の人類負け犬説の正誤がどうなるのか、楽しみです。

直立二足歩行は、生存にはむしろ不利

ここで人類の祖先が直立二足歩行をするようになった経緯について考えてみましょう。人類が直立二足歩行をはじめたことは、化石の骨盤や頭蓋骨の形状から推測されています。まず、直立二足歩行をすると内臓を支えるために骨盤が丸い形になるのに対し、チンパンジーの骨盤は縦長で平べったくなっています。

また、頭蓋骨には背骨とつながる穴がありますが、人類はこの穴がほぼ真ん中にあります。背骨の上に垂直に頭が乗っているからです。チンパンジーの場合は、背骨とつながる穴は後ろのほうにあります。

人類の祖先が地上で直立二足歩行をするようになった理由については、大きな議論の

テーマとなっており、さまざまな説が唱えられています。過去に有力な説とされていたのは、気候変動が原因で森林が減少し、草原で暮らさざるを得なくなったから、というもの。1920年代に提示されたいわゆる「サバンナ仮説」です。しかし、後の調査で人類の祖先は森に住んでいたときから直立二足歩行をしていたことがわかりました。そもそも、草原で暮らすこと自体が自動的に二足歩行につながるわけではありません。現にライオンなどは四足歩行でありながら草原に暮らしています。

ほかにしばしば言及されるのは、「遠くを見通すため」とする説です。草原では二足歩行をすることで背の高い草の上からも肉食獣などの捕食者や食料となる獲物を見つけやすいというメリットがある反面、捕食者から見つかりやすいというデメリットもあります。両者を天秤にかけた結果、直立二足歩行に多くのメリットを見出したとする考え方です。

しかし、たとえ捕食者をいち早く見つけて地表を二足で走って逃げようとしても、すぐにライオンなどに追いつかれてしまうでしょう。ですから、基本的に木の上のほうが安全だったと考えるのが自然です。

また、前述したようにラミダス猿人の化石人骨からは、直立二足歩行をしながらも、樹上と地上の両方で生活していたことがわかっています。ラミダス猿人の歯を分析したところ、森の外で食物を確保する機会はほとんどありませんでした。つまり、サバンナで食物を探すために二足歩行を選んだとする仮説にも無理が生じます。

もう少し別の説を見ていきましょう。「両手を使いやすいから有利だった」という考え方です。直立二足歩行をすると必然的に両手が自由に使えるようになります。これにより多くの食物を抱えて移動できるようになり、効率的に食料を確保できます。

実際に、現代の科学者がチンパンジーを対象に行なった実験でも、食料が限られているとき、その食料を再度確保できるかわからないとき、それを独占しようとして立ち上がって二足歩行を行ない、両手で食料を持ち運びする姿が観察されています。

この学説と関連した有名な仮説に「プレゼント仮説」があります。オスがメスの気を引くために、よりたくさんの食料をプレゼントしようとして二足歩行になったとする発想です。メスに気に入ってもらえればオスは交尾のチャンスを得ることができ、二足歩行をするオスが多くのメスと交尾をすれば、その子ども世代以降に二足歩行が増えていくという理屈です。

あるいは、子育てをしているメスのところに食料を運ぶためにオスが二足歩行をするようになったとする「子育て仮説」もあります。これらの仮説のいずれかが正しいのかもしれませんし、それぞれが同時に起こっていたのかもしれません。

しかし「人類負け犬説」では、あくまでも人類は偶然、二足歩行をするようになったと考えます。仮にヒトとチンパンジーの共通祖先が四足歩行をしていたとして、その中から突然、直立二足歩行をする個体が生まれたとします。この直立二足歩行をする個体が特に支障なく生きていくことができれば、四足歩行と二足歩行が生き残る条件に差がなくなります。

ここから時代が下って、種全体が直立二足歩行をするようになったとしても、それは環境に適応したからではありません。つまり、自然淘汰によるものではないと、中立進化の立場からは考えることができます。

四足歩行のグループの中に、突然変異で直立二足歩行をする個体が現われたというのは、一種の奇形です。二足歩行になった個体は、四足歩行をしている仲間たちから差別を受けたかもしれません。

私は「人間の差別」をテーマにしたシンポジウムに参加したとき、参加者の全員がまるで差別は人間だけが行なっているものであるかのように扱っていることに疑問を感じ、こう発言しました。「犬も猫も、ほかの犬や猫を差別することは当然ありますよ」

飼い犬や飼い猫が自分自身を人間であると勘違いして、人間のように振る舞うという話をよく耳にします。このとき、飼い犬は飼い主（人間）を仲間とみなし、ほかの犬に対してあからさまに敵対的な態度を取ります。これも一種の差別的な行為です。

このように、はじめて直立二足歩行をした人類の祖先は、変わり者の負け犬として露骨な差別を受けていたかもしれません。チンパンジーに居場所を奪われながらも、木の上でどうにかねぐらを確保し、それでも最終的には森から追いやられ、しぶしぶサバンナで暮らすようになったのではないか。私は、そんな哀れな人類の祖先の姿を想像してしまうのです。

住みやすいからサバンナで暮らしたわけじゃない

もう一度、人類の直立二足歩行について考えてみましょう。人類がサバンナで二足歩行の生活を送るようになったのは、ポジティブな意図で草原に向かったというより、「草原に出ざるを得なかった」というほうが実情に近いと思います。

チンパンジーの祖先との勢力争いに敗れ、森での居場所を失い、不本意な形でサバンナに進出したことで、直立二足歩行を選ばざるを得なくなったのかもしれません。

あるいは、森の中では不利に働く直立二足歩行をする個体が突然変異で登場して、仕方がないからサバンナへと出たら、結果的にむしろ生きやすいことに気づいたという可能性もあります。動物は、自分がより生きやすい環境へと能動的に移動することができるからです。

しかし、これらはあくまでも仮説にすぎません。現在のチンパンジーは四足歩行のナックルウォーキングを行ないます。定説では、このナックルウォーキングを経て人類が直立二足歩行をはじめたとされています。つまり、そもそも四足歩行だったものが四足歩行のチンパンジーと二足歩行のヒトに分かれたという考え方です。

しかし、私はもともとヒトとチンパンジーの共通祖先が二足歩行に類似した移動形式をしていたところから、人類は地上での直立二足歩行が当たり前になり、逆にチンパンジーは二足歩行をほとんどしなくなったという説もあり得ると考えています。

二足歩行から四足歩行に戻るなんてあり得ないと主張する人もいるでしょうが、チンパンジーにとっては四足歩行のほうが都合がよかったということになれば、その状態に戻るというのもあり得る話ではないでしょうか。

ただ、最近の研究では、私の推論には分の悪いデータが出てきているのも事実です。たとえば、京都大学の森本直記氏、中務真人氏らの研究グループがチンパンジー、ゴリラ、オランウータン、ヒト、ニホンザルの大腿骨のサンプルを幾何学的形態測定法で測定し、それぞれの歩行の進化を分析しました。その結果、歩行に関しては、ヒト、チンパンジー、ゴリラの共通祖先がナックルウォーキングをしていて、その中でヒトだけが直立二足歩行に変化したという仮説に妥当性があると結論づけています。

また、タンザニア北東部のラエトリ遺跡で1970年代に発見された約366万年前の足跡の化石は、人類最古の直立二足歩行の化石記録とされています。これはアウストラロピテクス・アファレンシス（アファール猿人）のものとする説が有力です。

マックス・プランク研究所のケビン・ハタラ氏らの研究では、アファール猿人の足跡とチンパンジーに二足歩行をさせた足跡、そしてヒトの足跡を比較し、足跡から歩行姿勢について分析を行ないました。

その結果、アファール猿人の足跡はチンパンジーの二足歩行と異なっており、ヒトの二足歩行とも異なっていることがわかりました。アファール猿人の足跡は、足のかかと部分と中部が足指に対して深く、ヒトの二足歩行よりも原始的な二足歩行をしていたらしいのです。

つまり、同じ二足歩行でも進化の過程で足跡の形状が微妙に異なっているのです。これにより、ヒトはチンパンジーと分岐してから、歩行が進化していったことがわかります。

いずれにしても、サバンナに進出したばかりの猿人は、ライバルとの生存競争でかなり不利な立場にあったはずです。圧倒的な弱者だった猿人が生き延びることができたのは、自然物から石器を作り、それを使用することによってでした。

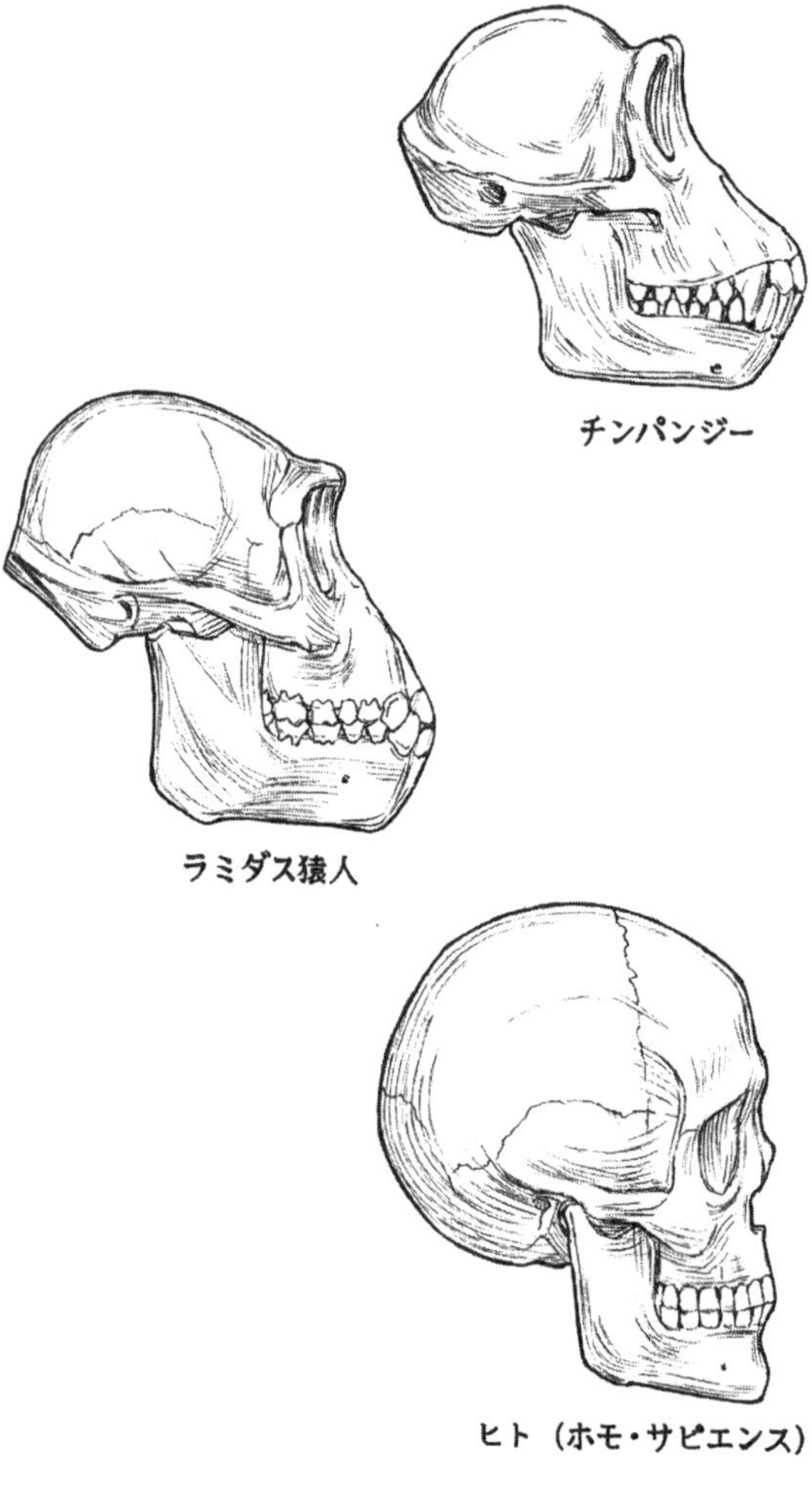

チンパンジー、ラミダス猿人、現代人の頭骨の比較

新人登場後も生き延びた「時代遅れの原人」

次に、猿人以降の人類進化の足跡について見ていきましょう。アウストラロピテクス以降、猿人は大きくふたつの系統へと進化していきます。ひとつは顎《あご》や奥歯が発達し、咀嚼器官に優れた「頑丈型猿人」と呼ばれるグループであり、パラントロプス属という猿人が代表格です。

もうひとつのグループは約250万年前に登場したホモ属です。最初のホモ属は「器用な人」を意味するホモ・ハビリスで、タンザニアのオルドヴァイ渓谷の地層から化石が発見されました。このホモ属の子孫が現代人であり、初期のホモ属から人類は「原人」と呼ばれる段階に入りました。

ホモ・ハビリスの脳の大きさは600〜800㎖程度。手先が器用であり、石器を使って肉食動物の食べ残しから肉を削ったり、骨を砕いて骨髄を取り出したりして食べていたようです。

その後、登場したのがホモ・エレクトスです。ホモ・エレクトスの身長は高く、なかには現代人と変わらないものもいたようです。体型も細身で腕に対して脚が長く、現代人に近づいています。歯はホモ・ハビリスよりも小さく、脳は900㎖程度まで大きくなりました。

ホモ・エレクトスは約180万年前にはアフリカを出て、ユーラシア大陸へと移動を行なったとされています。そして世界各地の環境に適応しながら独自の進化を遂げていきます。

約100万年〜60万年前になると、ホモ・エレクトスよりも進化した旧人が登場します。旧人は背が高く、脳容量は1100〜1400㎖くらいまで大型化していたようです。

このように書くと、人類は時間とともにより高度な種へと発展を続けたという右肩上がりのイメージでとらえる人が多いかもしれません。

けれども現実には、旧人や新人が登場してからも時代遅れの原人の仲間が長く生き延びていたケースが見られます。

たとえば、インドネシアのフローレス島で独自に進化したとされるフローレス原人（ホモ・フローレシエンス）という原人がいます。2003年にインドネシアのフローレス島の洞窟で、原人の骨が発掘されました。そのときまでまったく存在が知られていなかった原人です。

フローレス島には100万年ほど前からジャワ原人（86ページ参照）が移り住み、独自の進化を遂げてフローレス原人になったとされています。身長は1mほどと非常に低く、「ホビット」という愛称もあります。ホビットというのは、J・R・R・トールキンの小説『指輪物語』に登場するこびと族の名前に由来しています。

フローレス原人は体が小さいだけでなく、脳の容量も約400mlとチンパンジーと同じくらいで、私たち現代人の3分の1程度です。知能は低そうに思われますが、同時に見つかった石器は精巧なもので、火を使っていた痕跡もあります。

基本的には脳が大きくなるにつれてさまざまな能力を獲得してきた人類の進化の中で、逆に脳が小さくなったフローレス原人は珍しい進化を遂げたといえます。

2016年にはフローレス島の別の場所で、もっと前の時代に生きたフローレス原人の化石が見つかっています。それによると、約70万年前の時点で、すでに彼らの体が小型化していたことがわかっています。

フローレス原人の体が小さくなってしまったのは、孤島で起きる「島嶼矮小化《とうしょわいしょうか》」のせいだといわれています。外敵が少なく、食物なども限られた孤島では、生物が小型に進化する傾向があります。日本でも、屋久島などには体の小さいニホンザルやシカが生息しています。

それでもフローレス原人は約1万2000年前まで生存していたとされています。脳や体が小さくてもネアンデルタール人よりも長く生き延びていたということです。

この時期には、すでに新人もインドネシアに進出していましたから、両者は共存していた可能性があります。彼らが絶滅したのは火山噴火が原因だとする説もあれば、新人の登場が原因だとする説もあります。

ちなみにフローレス原人と似たような原人は、フィリピンでも見つかっています。2019年にルソン島で化石が発見されたルソン原人（ホモ・ルゾネンシス）です。

ルソン原人は少なくとも6万7000年前から5万年前にはルソン島で暮らしていたとされます。ルソン原人はオランウータンのように足指の骨が大きく湾曲しており、数百万年前の猿人のような原始的な特徴を持っています。一方、歯が新人よりも小さいといった現生人類に似た特徴も備えていました。

ルソン原人がどこからやってきて、どのように進化したのか。まだわからないこともあります。ただ、フローレス原人やルソン原人の存在は、人類が原始的な段階から直線的に進化をしてきたわけではないこと、後戻りや回り道をしていた側面があったことを教えてくれます。

脳が大きくなったのに、絶滅したネアンデルタール人

旧人もその後に登場する新人も、分類上はホモ・サピエンスという種です。両者と区別するときには、亜種名をつけて、新人は「ホモ・サピエンス・サピエンス」、旧人は「ホモ・サピエンス・ネアンデルターレンシス」と呼びます。

約20万年前にヨーロッパの旧人から進化したネアンデルタール人が誕生しました。ネアンデルタール人は脳の容量が1500〜1600㎖と大きく、体格も平均して165㎝ほどあり、現代人より大きい個体もいたようです。がっしりしていて寒い環境に適応していたと考えられます。

ネアンデルタール人は洞窟に住み、石器を使って狩りをしていました。また火を使い、毛皮を加工した衣服を身につけていたようです。さらに、仲間が亡くなったときに埋葬する習慣があったともいわれます。

しかし、脳が大きく発達し文化的にも進んでいたネアンデルタール人は、4万年ほど前に絶滅してしまいました。ネアンデルタール人のゲノムから合祖理論（現在の集団から入手できる遺伝情報をもとに、過去の集団動態がどのようなものであったかを推測する、集団遺伝学の一手法）と呼ばれる集団遺伝学の方法を使って推定すると、しだいに人口が減ってきたことがわかっています。

結論からいえば、絶滅の理由まではわかっていません。ひとつの可能性として考えられるのは、なんらかの感染症が流行したのではないかということです。私たちは新型コロナウイルス感染症の世界的パンデミックに見舞われましたが、人類史をさかのぼれば、これまでもさまざまなウイルスやバクテリアが人類を苦しめてきています。

ウイルスは細胞を持たず、内部に遺伝子を持つだけの単純な構造です。単独では生存できず、細胞を宿主にして増殖します。それに対してバクテリアは、自己複製能力を備えた単細胞の微生物です。バクテリアのほうが生物として人類に近いという意味では、ウイルスより危険性が高いといえます。

もしかすると、なにかしらのウイルスやバクテリアがネアンデルタール人を襲い、絶滅に至らしめたのかもしれません。

仮に1億人の人口がいれば、インフルエンザのウイルスが蔓延したとしても絶滅は避けられますが、100人の集団で半分近く死んでしまったら、種を維持するのはかなり難しくなります。ネアンデルタール人は人口が少なかったせいで、ちょっとした出来事で絶滅しやすい状況だった可能性はあります。

ネアンデルタール人絶滅についてもうひとつの理由としていわれているのは、新人が増えたことにより競争に負けたというものです。ただし、両者の間で局地的に衝突が起こった可能性はあるものの、種全体を絶滅させるほどの「戦争」が起きたとは考えにくいです。

ネアンデルタール人の化石が発掘された一部の場所では、新人の化石も発見されています。両者が同時期に同じ地域に居住していたことがわかっています。両者の間にどのようなかかわりがあったのか長年不明とされてきましたが、ネアンデルタール人の核ゲノム解析によって、ネアンデルタール人と新人はユーラシア大陸で交雑していたことが判明しました。また、石器の形状の類似性から、ネアンデルタール人が新人から技術を学んだらしいこともわかっています。実は、私たち日本人も1～3%程度はネアンデルタール人のゲノムを引き継いでいます。そのため、ネアンデルタール人は完全に絶滅したわけではないと主張する研究者もいます。

ネアンデルタール人から1～3%のゲノムを受け継いでいるといってもゲノムの大部分は働きがないものなので、現代人にどのような身体的特徴や機能が見られるのかについては、今のところほとんど解明されていません。

2008年にロシアのアルタイ山脈の北部にあるデニソワ洞窟で、1本の指の骨と1個の歯の化石が発見されました。この化石のDNA解析を行なったところ、ネアンデルタール人と共通の祖先を持つ新種の旧人であることがわかりました。いってみればネアンデルタール人の親戚です。「デニソワ人」と名づけられたこの旧人から、HLAという免疫系の遺伝子の一部の系統と、高地適応の遺伝子といわれるEPAS1が現代人に伝わっていると推定されています。

現在、高地に住むチベット人はEPAS1という遺伝子が変化したことで、高地でも生きていけるようになったとされますが、おもしろいことにEPAS1はデニソワ人から伝わったのではないかと考えられているのです。実際に、1980年にチベットで発見された人骨のタンパク質を調べたところ、デニソワ人でした。

話をもとに戻しましょう。いずれにしても、新人がネアンデルタール人より優れていたから生存競争に勝ったというのは、間違っています。

前述したようにネアンデルタール人は道具を使いこなすなど高い思考能力を持っていました。また、体格にも恵まれていて、力勝負でも新人に劣っていませんでした。生存能力という意味で両者に大きな差はなかったのです。

そうなるとネアンデルタール人が絶滅したのは、ただの偶然である可能性が高いといえます。単純に人口が少なかったため、特に理由がないまま消滅していったということもあり得ます。彼らの絶滅には、新人との交雑が影響した可能性もあります。人口が急増した新人に吸収されて純血のネアンデルタール人が消滅していったイメージが近いのかもしれません。

新人は、たまたま生き残った

ここまで人類進化700万年の歴史を駆け足で概観してきました。この章の最後に考えたいのは、なぜ現生人類である私たち、新人だけが生き残ったのかということです。

優れた身体的特徴を持つことは、もちろん生存に有利に働くことがあります。人類とはまったく系統の違う生物を例に挙げると、鳥類は「翼を使って空を飛ぶ」という機能を獲得したことで、外敵から逃げることができるようになりました。それが生存に有利に働き、世界中に鳥類の仲間が広がったのは事実です。

余談ですが、島嶼部など一部の地域ではもはや外敵に襲われる心配がなくなり、空を飛ぶ必要もなくなったため、鳥が飛行する能力が退化してしまったケースもあります。ニュージーランドの国鳥として知られるキーウィなどは「飛べない鳥」の代表例です。こういった飛べない鳥は、突然変異で飛べない個体が誕生し、飛べなくても生存できることから広まったと考えられます。

新人がこれだけ世界中に広がって現存しているのも、脳が大きくなり、道具を使いこなすなど、生存に有利な能力を得たことが影響しているのは否定できません。

あるいは、新人はコミュニケーションや社会性の点で優れていたのかもしれません。言語を持ったことで、コミュニケーションによって生存率を高めることができ、生きながらえたのです。

しかし、生存に有利な能力を得たからといって、その種が必ず生存し続けられるとは限りません。前述したネアンデルタール人は、優れた身体的特徴を持っていたにもかかわらず絶滅してしまいました。絶滅するかしないかは、ほとんど偶然で決まるのです。

人類の進化の過程では、ネアンデルタール人やデニソワ人など、同時代を生きたいろいろな種が絶滅しています。こうした種は新人との生存競争に敗れ、絶滅へと至りました。絶滅は、「負け犬が行き着いた先」と解釈することができます。

しかし、彼らと異なり、生き残った新人も、連戦連勝の末に今日があるのではなく、進化の過程では何度となく負けを繰り返してきました。人類はアフリカで誕生し、その地で負け犬となったグループが全世界に活路を求めて移動を繰り返し、現在のような世界ができあがった。私はそのように人類の進化をとらえています。

第2章

アフリカから追い出された人類

——常識を覆す人類の移動史

グレート・リフト・バレーで
すみかがバラバラに

この章では、人類進化における「移動」の歴史について、人類負け犬説の視点から読み解いていきたいと思います。

人類最初の移動は、ヒトとチンパンジーの共通祖先を分岐させるきっかけになったかもしれない、と私は考えています。

54ページでは、ヒトとチンパンジーが共通祖先から枝分かれすることになったひとつの理由として、火山活動の可能性を挙げました。アフリカ東部には、「大地溝帯（グレート・リフト・バレー）」と呼ばれるアフリカ大陸を南北に縦断する巨大な谷があります。この大地溝帯の谷幅は35～100㎞にもおよび、平均すると40㎞もあります。巨大な裂け目の総延長は約7000㎞も続くと同時に、標高3000mを超える山々が連なっています。

現在のタンザニア西端にはタンガニーカ湖、モザンビーク・マラウイ・タンザニアに囲

大地溝帯

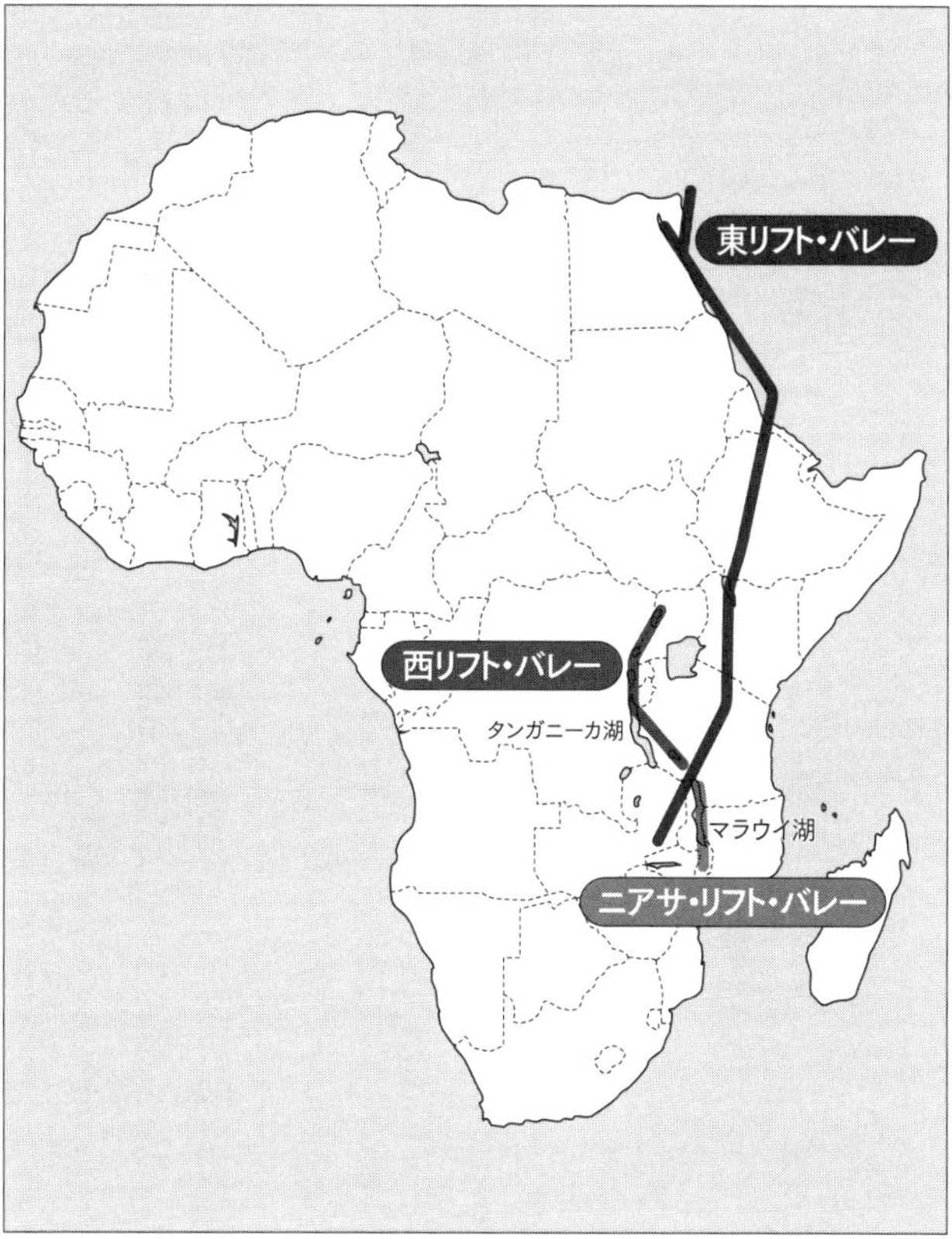
東リフト・バレー
西リフト・バレー
タンガニーカ湖
マラウイ湖
ニアサ・リフト・バレー

まれたマラウイ湖といった湖があります。地図上で見ると、これらの湖はいずれも細長い形状をしていることに気づきます。それぞれの湖は大地溝帯によって生じたものであり、非常に湖底が深いことも共通しています。大地溝帯は激しい火山活動が形づくったものであり、深い谷の周囲には高い山や火山が見られます。現在でも火山活動が活発な地帯でもあります。

同地での大規模な火山活動は、ケニア北部のトゥルカナ湖付近で約３３００万年前にはじまったとされています。ケニア北部では１５００万年前に連続した火山活動が発生し、約１０００万年～５００万年前から大地溝帯の形成がはじまったとされています。

ここで起こった大規模な火山活動は、アフリカの自然環境だけでなく、生物の生息環境と進化にも大きな影響を与えたはずです。

もちろん人類の祖先も例外ではなく、火山活動は彼らの生命を脅かしました。「このままでは生きていけない。どこかに新天地を見つけよう」。そう考え、人類の祖先は移動（避難）したのかもしれません。その過程で人類とチンパンジーの系統が分岐した可能性があります。

当然ながら火山活動は断続的に続いていますから、チンパンジーの祖先とヒトの祖先は一度だけ分かれたわけではなく、その後もアフリカのあちこちで分かれていったのではないかと思います。

実際に、猿人の化石は東アフリカであいついで発見されています。もともとは地殻変動がもたらした大規模な気候変動により、東アフリカの森林が減少して草原化し、人類の祖先は草原という新たな環境に適応しなければならなくなったと考えられていました。しかしその後の研究では、当時の東アフリカには森林が残っていたとされ、この説は否定されています。

ヒトとチンパンジーの共通祖先はアフリカ大陸で共存していて、火山の大爆発によって大きく東西に分断された可能性は十分あります。ただし、アフリカ中部のチャドでも最古の人類とされるサヘラントロプスの頭骨が見つかるなど、人類は必ずしも東アフリカにだけ移動したとはいい切れません。あくまで人類の祖先の多くが東アフリカに移動したということです。

試行錯誤しながら、新天地を求めた我々の祖先

次に着目したいのは、森から草原へと生活の拠点を移すための移動です。ゴリラの研究をしている京都大学前総長の山極寿一氏は、移動をもたらす重要な要因に「食料」を挙げています。社会生態学のセオリーによれば、食料から大きな影響を受けるのは妊娠や子育てを引き受けるメスであり、オスはメスをめぐって行動域を変えるというのです。

以前、山極氏と対談した際、山極氏は人類の祖先が森林から追い出され、サバンナに新たな食料を見つけたという考えを提示されていました。山極氏の説によると、寒く乾燥した時期にすみかとなる森林は減少してしまい、ゴリラやチンパンジーがそこにとどまったかわりに、押し出されるようにして人類の祖先が新天地を求めたのではないかということです。

前述したように、私は人類負け犬説を主張しています。人類の祖先が森林から追い出されたという説には同意します。一方で、最初に未知の土地に足を踏み出したのはオスであり、ある程度安全な環境を確保してからメスを連れていったと思います。最終的に子ども

を増やすために男女が集団を構成するというのは、山極氏も私も同意見です。

人類の移動を、直立二足歩行という視点から考えてみましょう。多くの研究者は、人類の祖先が直立二足歩行を獲得することでサバンナへと進出できたと主張しますが、人類がサバンナに進出したのは結果論に過ぎません。もともとは森で暮らしていたのだから、直立二足歩行を獲得したからといってサバンナでの生活が有利になるとは思えないのです。

私の考える仮説は、前述したように、人類の祖先はチンパンジーの祖先から追い出されて、森林からサバンナにやむを得ず出て行ったという筋書きです。

サバンナには少ないとはいえ木が生えています。最初のうち、人類の祖先は夜になると木に登り、外敵から身の安全を守っていたのではないでしょうか。そして朝になると木から下りて活動しながら生活の場を広げていったのではないかと思うのです。

行きつ戻りつの大移動——出アフリカの旅路

アフリカで誕生した人類は、まず森からサバンナへと進出し、アフリカを出てユーラシア、そこからヨーロッパや東南アジアへと分布していきました。
人類がアフリカから他の土地へと移動した現象を「出アフリカ（Out of Africa）」といいます。「出アフリカ」というのは旧約聖書第2巻で、モーゼがエジプトにいたユダヤ人を引き連れてイスラエルの地に移動した「出エジプト」の物語に由来しています。こうした名称ひとつとっても、世界的に見て生物学を牽引しているのは欧米の研究者であり、彼らの世界観はキリスト教の思想と切り離せないことがわかるでしょう。

では、どうして人類はこのように広範囲にわたって移動したのでしょうか。人類による最初の出アフリカは、原人（ホモ・エレクトス）によって行なわれました。約180万年前にはアフリカからカフカス地方（黒海とカスピ海に挟まれた山地）へと移動し、ヨーロッパ方面とアジア方面へと進んでいきました。
アジア方面に進出した原人では、インドネシアで見つかったジャワ原人、中国で見つかった北京原人などがよく知られています。ちなみに北京原人やジャワ原人の子孫は絶滅してしまったため、今の中国人の祖先が北京原人、今のインドネシア人の祖先がジャワ原人ということではありません。

アジア方面への進出が目立つ理由は、第一に「土地が続いていたから」でしょう。アフリカ大陸を西に移動すると大西洋に阻まれます。当時の人類は、もちろん航海技術はありませんでしたから、引き返すほかはありません。ヨーロッパへの道も地中海に遮られます。イベリア半島とモロッコを隔てるジブラルタル海峡でヨーロッパとアフリカは接近していますが、やはり船がないと渡ることはできません。必然的に現在のエジプトのスエズ地峡（今はスエズ運河が通っています）のあたりから移動するルートがとられ、ヨーロッパ方面にUターンする動きよりもアジア方面に直進する動きのほうが活発だったと考えられます。

また、第二の理由として「太陽が昇る方角を目指したから」とする議論もあります。今でこそ、私たちは「地球が動いている」とか「太陽系の惑星がある」といった知識を身につけていますが、当時の人類にとって太陽が昇ったり沈んだりすることは、相当神秘的な出来事だったはずです。

旧人類の好奇心も、今の我々とほとんど変わらなかったでしょう。「太陽が昇る出発点を見つけたい」という気持ちで移動したという仮説を、私は支持したいと思います。とはいえ、なかにはアフリカ大陸を南下したグループもいたはずです。南下したグループの中には南アフリカを経由してアフリカ大陸を一周し、もとの場所に戻ったケースもあったのでしょう。

チンパンジーやゴリラは森林にとどまったために、基本的には現在でもアフリカを中心に生息しています。これに対して人類は世界中に分布しています。そして寒冷地から赤道直下の地域まで、さまざまな環境下で生活をしています。このことから、人類が移動するにあたって、直立二足歩行がプラスに働いたのは間違いありません。

海岸に沿って新世界を開拓

現代人にも、新しい技術や文化を積極的に体験しようとする人と、昔からの習慣や生活を大切にしようとする人がいます。それと同じように人類の移動も、積極的に違う土地に向かおうとする人と、なるべく今の土地から動きたくない人がいたはずです。そして、実際に移動するにしても食料や水の制限もあったので、行ったり戻ったりを繰り返していたと思います。

ベーリング地域における人類の移動ルート

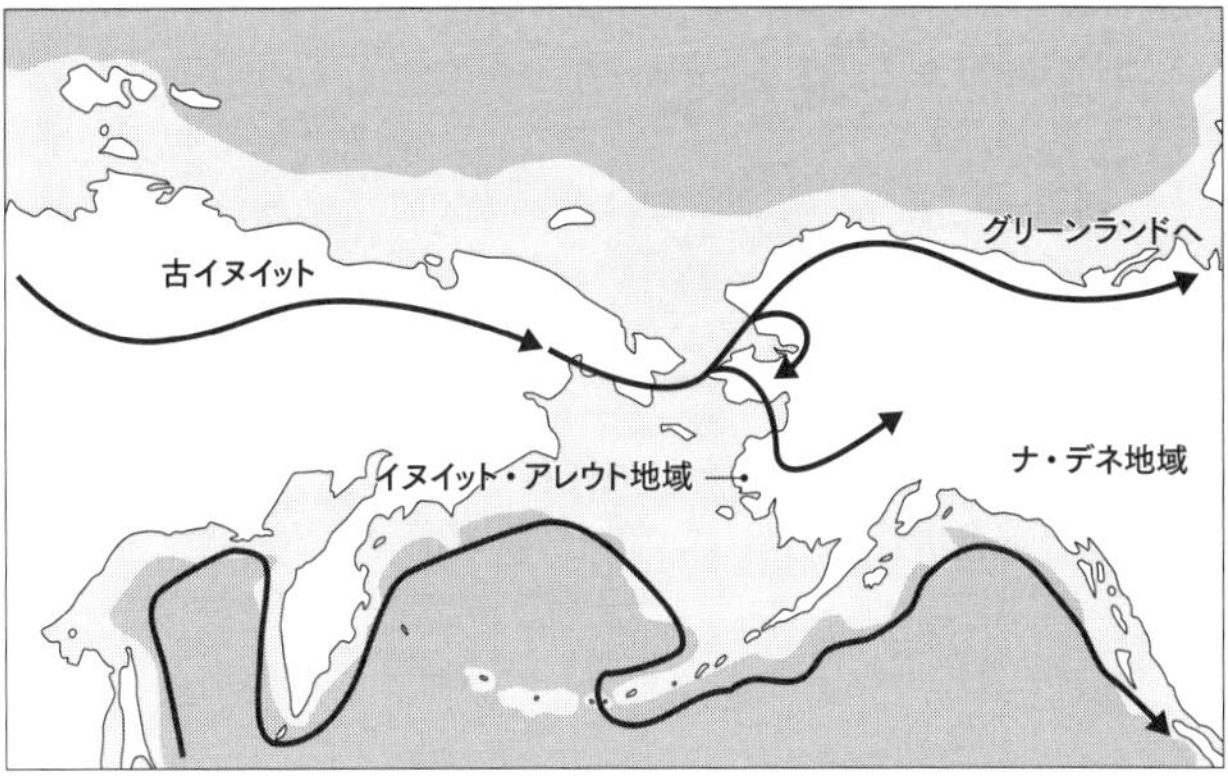

現生人類（新人）による出アフリカは、約10万年前頃に行なわれていたとされていますが、なにしろ太古の昔のことですから、移動の痕跡はほとんど残されていません。

木製の道具や縄などは朽ち果てて残っていませんし、人骨が残っているケースは稀です。確かな痕跡と認められるのは石器などですが、これも運よく発掘しない限りは私たちの目に触れることはありません。研究者は、ごく例外的に見つかった遺物だけであれこれ議論しがちですが、例外的な遺物にとらわれずに想像力を働かせて考えることも重要です。

新人の出アフリカは、かつては陸路（内陸ルート）で行なわれたとするのが定説となっていました。シベリアからアメリカ大陸に到達する際も、最終氷期の終わり頃に氷床が後退したことでカナダ西部の回廊が開け、そこをヒトがたどったと考えられていました。

1980年代当時、地質学者などが「氷河がなかったのだからヒトが通ることができたのだろう」などと当然のように発言しているのを見て、私は腑に落ちないものを感じていました。仮に回廊があったとしても、周囲は氷の世界なのですから、単純に食料の確保に困るのではないかと思ったのです。

「食料の確保に困る内陸よりも、魚を捕りやすい海岸沿いを進むほうが合理的なんじゃないですか?」と主張したところ、一笑に付されまったく相手にされなかったのをよく覚えています。当時の研究では、出アフリカの時点で人類が船を造る技術を持っていたとは思われていなかったし、地質学者は氷河や回廊にばかり注目していたからだと思います。

ところが最近になって、チリ中部にあるモンテベルデ遺跡など1万5000年前近く(あるいはもっと古く)に、すでに人類が南米に到達していたことを示す遺跡が発見されてきています。

1万5000年近く前となると、陸地はまだ凍りついていたとみられるので、内陸ルートで人類が移動してきたという仮説の前提が崩れることになります。むしろ海岸沿いの

スンダランドとサフルランド

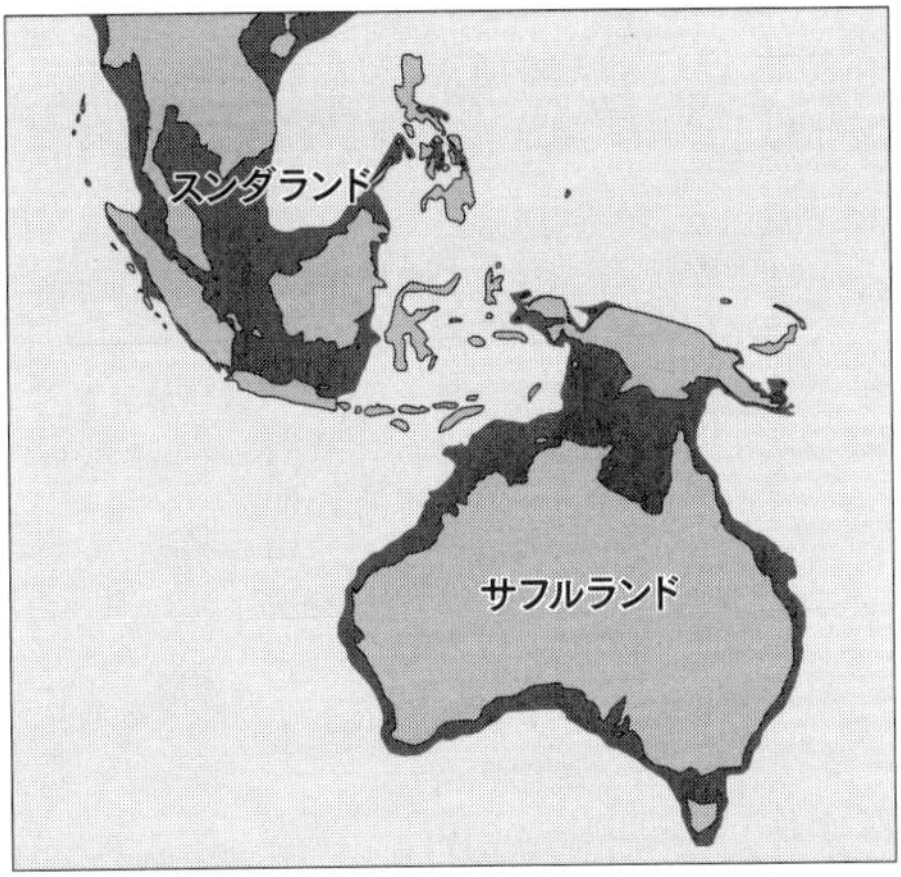

ルートで移動したことを裏付けるデータが次々と発見されているのです。

海岸沿いに人類が移動したとする説は、近年研究者の間でも支持を集めつつあります。残念なことに、当時の海岸線は現在よりも沖にあったことから、今では海に沈んでしまっており、痕跡を探すのは非常に困難です。ただ、少なくとも新人は海を移動する技術を持っていました。

というのも、オーストラリアに残っている遺跡は、6万年ほど前に新人が東南アジアからオーストラリアまで移動したことを明確に示しているからです。当時、現代のインドネシア半島からマレー半島、インドネシアの一部の島々は地続きだったと見られ（上の図に示しましたが、この地域を指して「スンダランド」と呼びます。また現在のオーストラリア、ニューギニア、タスマニア島など今のオセアニアを形成している陸地も地続きになっていて、こちらは「サフルランド」と呼びます)、そこからいかだのようなもので渡ったのではないかとする説が有力です。

陸にはライオンやトラなどの捕食者がおり、人類は襲われるリスクを常に抱えています。海辺に大きないかだを係留しておき、いざというときにそこに避難すれば、捕食者の脅威から逃れることができます。

海水を飲むことはできませんが、海岸沿いを進めば河口で川の水を飲むことはできます。しかも食料は海から魚を捕ることで確保できます。こういった条件を考えると、海岸沿いを移動することは合理的な手段だったともいえます。

主な飲料水を川の河口で確保していたとすると、川の河口から次の河口を目指して進んでいた可能性はあります。想定していたよりも次の河口までの距離が長く、飲み水の確保が難しくなったときには、いったんもとの河口に引き返していたかもしれません。そうやって少しずつ移動距離を伸ばしていたと、私は推測しています。

「負け犬」だからこそ、いかだを発明できた？

人類がいかだを発明したのは、非常に画期的な出来事でした。いかだの発明は人類がアフリカを出て行く大きなきっかけになったと思われるからです。

しかし、「なぜいかだを発明できたのか」を考えると、決してポジティブな理由ではなかったように思います。むしろ負け犬だったからではないでしょうか。

おそらくアフリカの大地に住んでいたホモ・サピエンスの中で居住地をめぐる競争が起こり、争いに負けたグループが移動を余儀なくされたのではないか、と私は推理しています。もちろん競争といっても、実際に戦争があったとは限りません。あるグループが先に食料を確保したので、別のグループが食料を手にできなかったというケースもあるでしょう。そういった競争に勝利して残ったのが、現在のアフリカ人の祖先です。

移動しようにも地続きのルートはほかのグループに遮られているとわかったとき、「水面がある！」と発想の転換をしたグループが、川に浮かんで流れている木をヒントにいかだを作ったのかもしれません。

木の実はほかのグループによって採り尽くされているから、仕方なく川の魚をつかまえて食べているうちに、浮かんでいる木をまとめて組み合わせ、いかだに仕立て上げたというのもあり得るストーリーです。いずれにせよ、まさに「必要は発明の母」ということわざの通りです。

こうして負け犬のグループは川に生存の場を見つけました。生物学用語で競争に勝ったり耐え抜いたりして得た地位をniche（ニッチ、生態的地位）といいます。経済の分野で大企業がターゲットとしないような小さな市場を「ニッチ」といいますが、それと同じ言葉です。

いかだを発明したグループは最初のうち、アフリカの大きな川にいかだを浮かべて下流へと移動していたのかもしれません。彼らが川をいかだで下っていったところ、いつのまにか河口に出た。そして河口から次の河口へと移動を続けていった可能性があります。

当時の人類は慎重に行動していたでしょうから、「少し行っては少し戻る」を繰り返しながら移動距離を伸ばしていったのではないかと想像します。「いかだを作ろう」という熱意があるなら、それに乗って長距離を移動しようという気になっても不思議ではありません。

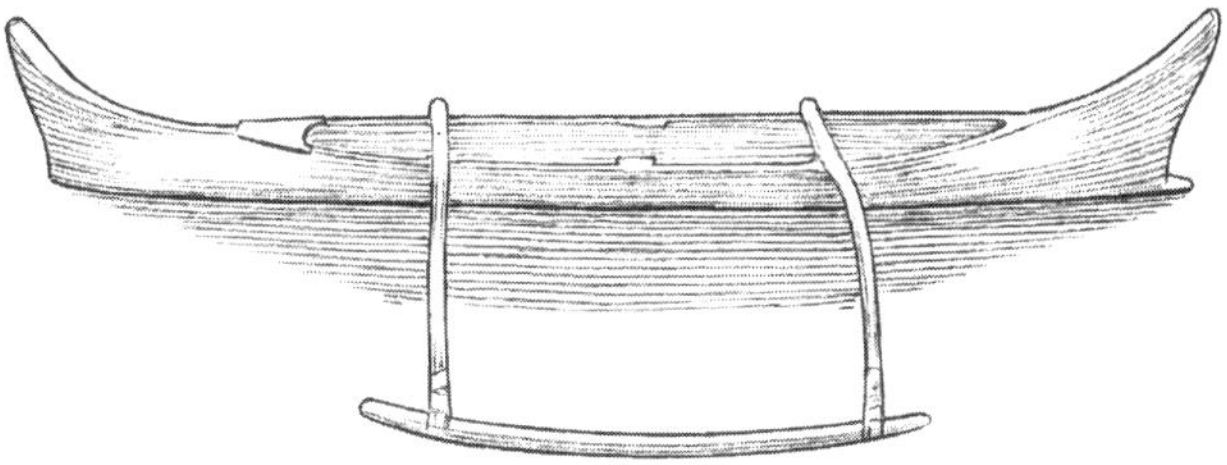

アウトリガーカヌー

新人が海路で移動したかどうかを考えるとき、私はアウトリガーカヌーを思い出します。アウトリガーカヌーとは、上の図のように安定性を確保するためにカヌーの片側、あるいは両側に「アウトリガー」と呼ばれる浮子《うき》が張り出してつけられているカヌーを指します。

アウトリガーカヌーは現在でも南太平洋を中心に使われており、ポリネシア人やその祖先のラピタ人、さらにはオーストロネシア語を話す人々の台湾島からの移動の歴史と深くかかわっています。オーストロネシア語を話す人々は約４０００年前に、台湾島からフィリピンを経てインドネシアに到達し、そのあたりでアウトリガーカヌーを発明しました。そして３３００年前から４００〜５００年ほどの間に、ラピタ土器を使うラピタ人がパプアニューギニアからフィジー諸島やトンガ・サモアに達していたとされます。

その後、2000年近くの間、トンガやサモアにとどまっていたポリネシア人は、大型のダブルカヌーを発明しました。1200年ほど前（紀元後9世紀）にエルニーニョ現象（太平洋赤道域の日付変更線あたりから南米の沿岸まで、海の水温が例年よりも上がる現象）が頻発するようになり、東方向にカヌーが進みやすい風が吹くようになりました。その結果、ソサエティ諸島（タヒチ）やマルケサス諸島、さらにはハワイ諸島やイースター島、およびニュージーランドが13〜14世紀に発見されました。ポリネシア人は西にも航海を行ない、2000年前にマダガスカルにまで到達していたことがわかっています。

そこまでの航海スキルがあったのですから、私は日本にもポリネシア人がやってきたかもしれないと考えています。

しかしながら、日本列島では約3000年前頃に縄文時代から弥生時代へと時代が移り、水稲栽培に代表される農耕が活発に行なわれ、人口が増えつつあったため、ポリネシア人の流入はあったとしてもごく限定的なものだったと考えられます。

ただ、日本列島の太平洋側に在住する人のDNAを調べたら、ポリネシア人の遺伝子が現代人にも引き継がれている可能性もあります。少なくともポリネシア人が南北アメリカとその近隣の新大陸に到達していたのは明らかです。なぜなら、後にヨーロッパ人がはじめてハワイやポリネシアの島々に到達したときに、新大陸原産であるサツマイモやジャガイモといった野菜がすでに栽培されていたからです。これは、ポリネシア人が直接新大陸から持ち帰っていた証拠です。

アウトリガーカヌーを用いたポリネシア人の広大な海原を移動した航海と、おそらくいかだのようなものを利用した出アフリカを成し遂げた新人の海岸伝いの航海は、時代こそ異なりますが、「道具を発明すれば、人はそれを活用する生き物である」というのは昔も今も変わらないと思います。

新人もいかだのような道具を発明し、それに乗って「遠くに行ってみたい」と考えたのは自然な流れだったのでしょう。いかだに乗った人類は「向こうに行けば、なにかいいものがあるかもしれない」という希望を持っていたのではないでしょうか。だから、負け犬的に移動を余儀なくされた人類は、希望を原動力にアフリカから出て行ったのではないかと思うのです。

人類だけが大移動したわけじゃない

住み慣れた土地を離れて別の土地に移動する行為は、ヒトに限った話ではなく、そのほかの動物にも見られます。ヒトやそのほかの動物が移動する動機として、もっとも理解しやすいのは食料の確保でしょう。

基本的に住み慣れている場所で十分に食料を確保できていれば、あえて危険をおかしてまで移動する必要はありません。火山活動や気候変動などにより、住んでいた場所の環境が変わり、主食としていた植物などが消えてしまった場合、食料を求めて別の土地へと移動するのは自然な行動です。

ただ、ヒトの場合は、いかだや船、転覆しにくいカヌーなどを発明したこと、あるいはウマなどの動物を移動手段として使うようになったことで、それまでの慣習にとらわれずに、新しいやり方を積極的に取り入れようとする進取《しんしゅ》の気性を持った人たちが「ここではない新天地」を求めて移動した可能性があります。もしかすると、ヒト以外の動物でも、進取の気性を持った若い個体が移動した可能性はあるかもしれません。

ここで人類以外の動物の移動について、簡単に触れておくことにしましょう。

たとえば、ウマは北アメリカで進化を繰り返したあと、ユーラシア大陸に移動し、最終的にアフリカに到達した系統は「シマウマ」になったとされています。

ウマのもっとも古い祖先はヒラコテリウムといい、約5200万年前の北アメリカ大陸に生息していました。当時はウマというよりキツネくらいの大きさで、指は5本ありました。指は進化の過程で4本、3本と減っていきます。

ヒラコテリウムは主として森林に暮らし、木の葉や木の実を食べていましたが、気候変動の影響で森林は草原に変わっていき、草原で生活するようになります。草原では草を食べるようになり、だんだん速く走れるようになります。

ヒラコテリウムはイギリスをはじめとするヨーロッパ各地でも見つかっており、北アメリカからヨーロッパへと生息域を広げていったことがわかります。

約3200万年〜2400万年前に進化したメソヒップスは3本の指を持ち、特に中指が大きく発達していました。体もヒラコテリウムより大きくなり、歯は草をすりつぶして食べるのに適した6本の臼歯を備えていました。

中新世中期（約1000万年前）に繁栄したのがメリキップスで、高い臼歯を持つようになりました。臼歯が高いとは、より草食に適しているということです。

さらに約500万年前に誕生したのがプリオヒップスです。プリオヒップスになると「ひづめ」である巨大な中指だけが残り、両脇の2本指はほとんど退化しています。体の高さも1m以上になり、現代のウマの直接の祖先ともいわれています。

そして約100万年前に現代のウマに通じるエクウスが登場します。エクウスはアフリカ大陸へも進出し、ロバやシマウマの祖先となりました。

実は、ラクダもウマと同じく北アメリカで約4500万年前に誕生しました。最古のラクダとされるのはウサギのような生物でした。最古のラクダは森林から草原へと生息地を変え、草原で多様化していきます。

そこから中新世後期にユーラシア大陸へ移動したグループと、鮮新世後期に南北アメリカが地続きになったことで南アメリカに移動するグループが出てきます。そして、北アメリカのラクダは1万年ほど前に絶滅してしまうのです。

南アメリカに南下した仲間はラマ、アルパカ、グアナコ、ビクーニャなど、首が長くてコブのないラクダ科の動物へと進化していきます。

一方、ユーラシアに移動した仲間から中央アジア、中国北部あたりでフタコブラクダが誕生します。さらにフタコブラクダからヒトコブラクダへと分岐し、アラビア半島からさらにアフリカのサハラ砂漠などの乾燥地帯へと広がっていきました。

日本列島人の本当のルーツ

世界中に新人が拡散する過程で、はたして私たち日本列島人の祖先は、いつどこからやってきたのでしょうか。私は日本列島人が形成された過程を説明する「三段階渡来モデル」を提唱しています。

第一段階は、約4万年〜4400年前。旧石器時代から縄文時代中期に相当します。もっとも古いとされる人骨は約3万2000年前のものとされますが、約4万年前の石器があちこちで発見されています。

この段階でユーラシアの複数の地域からやってきたグループが、日本列島の全体に行き渡りました。ルートとしては北から南への順で、千島列島、樺太島、朝鮮半島、東アジア中央部、台湾からと考えられます。1万2000年ほど前まで地球は氷河期にあり、現在浅い海となっている部分は当時陸続きでした。歩いてやってくることができたはずです。

ちなみに、2000年11月に毎日新聞がある研究者による旧石器の捏造を報道するまで、日本では旧石器時代の研究者の多くが日本列島に30万年〜40万年前からヒトが住み着いていたと考えていました。それまで高校の教科書にも同様の記述がありましたが、現在では否定されています。


第二段階は、約4400年〜3000年前。縄文時代の後期・晩期に相当します。このとき、日本列島の中央部に第一段階とは異なる種類の渡来民がやってきたと私は考えています。具体的にどこからかは不明ですが、朝鮮半島、遼東半島、山東半島およびそれより南の沿岸地域に居住していた「海の民」だった可能性があります。

縄文時代から弥生時代に移行すると、弥生人の身長が一気に高くなったことがわかっています。これは栄養状態がよくなった可能性もありますが、背の高い大陸の人たちがたくさんやってきて、もともと日本列島にいた人たちと混血した結果であると考えられます。

海の民がやってきた当時、大陸では稲作を行なう農耕民が大変な勢いで広がっていました。あくまでも推測ですが、漁労を中心に採集狩猟を行なっていた海の民はそれに嫌気が差して、日本列島（ヤポネシア）に生活の場を求めたのかもしれません。

そして、彼らが日本語のもととなる言葉を持ってきたのではないかと想像しています。大陸で日本語のもととなる言葉を話していた海の民は最終的に消滅してしまい、あわせて日本語のもととなる言葉も消えてしまったのではないでしょうか。

言語学者の中には、弥生時代に大陸からやってきた人たちが日本語を伝えたという説を唱える人がいますが、そうだとすると大陸に日本語と近い言葉が残っている可能性がもっと高いはずです。今後の研究でそれが発見される可能性はありますが、私は日本語はもっと前に第二段階の渡来民がもたらしたと推理しています。

そして渡来の第三段階は前半と後半に分けられます。前半は約3000年～1700年前の弥生時代です。この時期には朝鮮半島を中心に、ユーラシア大陸から渡来民が日本列島にやってきて、水田稲作などの技術をもたらしました。

第三段階の後半は、約1700年前～現代までにわたります。この時期には引き続き朝鮮半島を中心にユーラシア大陸から渡来民がやってきました。現在の上海周辺の地域からも少数の渡来民が来るようになりました。

ところで、日本列島に住んでいた昔の人々について「日本人の祖先」「旧石器時代人」「縄文時代人」などさまざまな呼び方があります。

今、日本に住み、日本の国籍を持ち、日本語を母語としている人の多くは、自分を日本人であると自覚していると思います。しかし、「日本」という名称ができたのは、7世紀頃、大和朝廷によってです。それ以前に、言葉として「日本人」は存在していませんでした。あるいは「倭人」という言い方もありましたが、これは中国側から見た呼び名であり、そのまま用いるのは不適当です。

前述した「縄文時代人」「旧石器時代人」という時代名で示すのも一貫性がありませんし、日本列島に住んでいたから「日本列島人」というのも、日本という言葉が含まれているので、やはり違和感があります。

私は古い時代から日本列島に住んでいた人々を「ヤポネシア人」と呼んでいます。これは長く奄美大島に住んだ作家の島尾敏雄氏が1960年代に提唱した言葉です。「ヤポ」は日本をラテン語でヤポニアと呼ぶところから取っており、「ポリネシア」「ミクロネシア」などで使われているように島々を意味する「ネシア」をつけた言葉です。私は人類学的な視点から、北部のアイヌ人、中央部のヤマト人、南部のオキナワ人が住んでいた島々を「ヤポネシア」と定義しています。

具体的には、千島列島、樺太島、北海道、本州、四国、九州とその周辺の島々、および琉球列島までを範囲に含みます。ヤポネシアに住んできた人と文化は大きく3種類に分けられるので、日本列島を北部、中央部、南部に分けています。

ちなみに、私の定義では昨日日本列島にやってきた人でも、ヤポネシアに居住している限り、ヤポネシア人とされます。なぜなら、弥生時代のはじめの頃に大陸からヤポネシアにやってきた人たちも、今では特別に区別されていないからです。私たちがなんらかの渡来人の子孫であることは間違いないので、ヤポネシアに住んでいる人はすべてヤポネシア人としてとらえています。


以前から日本列島に住んでいたヤポネシア人と後から渡来したヤポネシア人では、大きな特徴の違いがみられます。『アフリカで誕生した人類が日本人になるまで』（溝口優司著、SB新書）では、縄文人と弥生人のギャップとして、この点について解説しています。まず、縄文人は前腕と脛が長いのに対して、弥生人は短いという特徴があります。身長は縄文人が小柄で、弥生人は大柄です。そして両者の違いは顔つきにも表われています。頭骨の形態を比較すると、縄文人は鼻のつけ根がくぼんだ彫りの深い顔立ちをしていますが、弥生人は彫りが浅く平板な顔つきです。顔と鼻の大きさを見ると、縄文人が幅広なのに対して、弥生人は顔も鼻も長くなっています。

さらに、弥生人は歯が大きくシャベル型（シャベル型切歯《せっし》）をしているのが特徴的です。シャベル型切歯とは、歯の裏側が文字通りシャベルのようにくぼんだ形状をしている切歯で、多くは上の中切歯と側切歯に見られます。これは、現在の典型的な日本人にも通じる歯の形状です。Ectodysplasin A receptor 遺伝子（EDAR遺伝子）という毛包（毛を産生する器官）の形成にかかわる遺伝子が、歯の形態にも関与していることがわかっています。なぜ歯がシャベル型になるのかというと、EDAR遺伝子が活発に発現してタンパク質が多数作られる人では、歯の細胞分裂も活発に生じて歯の周辺がもりあがるからです。

また、北海道の礼文島にある船泊《ふなどまり》遺跡という場所から発掘された縄文人のDNAを調べたところ、現在の日本人の大多数と異なり、耳あかがウェットタイプであったことがわかりました。縄文人はウェットタイプが多く、弥生人はドライタイプが多いと考えられています。

現在の日本人の多くは、弥生人の身体的特徴を受け継いでいます。ただし、弥生人的な特徴を持ったから生存しやすかったとはいえません。大陸から渡来した弥生人が、もともと住んでいた縄文人と混血しながら徐々に置き換わっていったのだろうと推測されます。

また、神澤秀明氏らによる最近の縄文人ゲノムの研究によれば、縄文人の皮膚の色は少し濃かったのではないかと推定されています。縄文人の祖先である旧石器時代の人々は、現在の東南アジア付近にいたと考えられています。現在、インドネシア付近に住む人たちの皮膚は、やや黄色がかった黒色をしています。彼らと皮膚色でも共通性がある可能性があるのです。

そしてもっと時代をさかのぼれば、彼らの祖先はアフリカからやってきました。つまり、アフリカからやってきた皮膚色の濃い人たちが東南アジアへと移動し、さらに北上して縄文人の祖先になった可能性があります。

よく日本の博物館などで縄文時代の人たちを再現した人形が展示されていることがあります。彼らの皮膚の色は、私たちとあまり変わりないように見えますが、これは現在の日本人から想像して作っているからです。

これに対して弥生人以降のヤポネシア人の皮膚の色が薄くなったのは、弥生人の祖先が大陸から渡来して縄文人と混血したためということになります。

ヤポネシア人の祖先も「負け犬」だった

本書では人類を負け犬として語っていますが、ヤポネシア人も人類の中での負け犬的な存在としてとらえることができます。

東ユーラシアの南部や北部の大陸地域で、なんらかの意味で「負けた」人々が日本列島を発見して移動してきた。負けた人々の子孫が私たちであるとも考えられるからです。

負けた人たちは、文字通り戦って敗れたのかもしれませんし、領土や食料をめぐる争いに出遅れて居場所を失ったのかもしれません。あるいは、単に嫌気が差して別の場所を目指した可能性もあります。

人類がはじめてヤポネシアにやってきたのは、前述したようにおよそ4万年前と推定されています。最初にヤポネシアにやってきたのは、出アフリカをしてユーラシアで人類が分化したあと、東南アジアにいた古い系統の子孫だったと考えられます。

彼らがヤポネシアに定着して2万年以上経つと土器が出現します。いわゆる縄文式土器で、そこからヤポネシア人は「縄文人」と称される時代に突入します。そして弥生時代になる前に、北東アジアに住んでいた人たちの一部がヤポネシアに渡来してきます。

102ページでも言及したように、今の中国の海岸沿いの地域で漁業を営んできた人たちが、稲作の発達で人口爆発が起こったときに、農作をするグループの勢いに押されてしぶしぶ移住を考えたのではないかと思われます。

稲作がはじまったのは、揚子江の中流域から下流域にかけて、約9000年前とされています。7000年前には現在の上海の近郊でも水田稲作が広く行なわれるようになり、5000年前には山東半島のあたりまで北上し、朝鮮半島には4000年前に到達したことになっています。

漁業をしていたグループは、稲作をしていたグループと魚と米の物々交換をして共存していたのかもしれません。それでも、数的優位な稲作グループに圧倒され、新天地を求めて、東にあるという噂の島を目指しました。そして彼らがヤポネシア人となったというストーリーです。

これはフロンティアスピリットを持った人がポジティブな意識で新天地を求めた可能性

を否定するものではないのですが、いつの世でもフロンティアスピリットを持つ人たちは、もともと暮らしていた地で居場所を失っているケースが大半です。その意味で、やはり私はヤポネシア人は負け犬とするのが素直な見方だと思っています。

負け犬の渡来人が日本列島にやってきたとき、ヤポネシアには先住していた人たちが存在しました。そこで新旧ヤポネシア人の争いが起きたかもしれません。特に、約3000年前に水田稲作の技術を持ちこむ渡来人がやってきた段階では、文化の違いによる軋轢《あつれき》が起きた可能性が十分あります。そういった軋轢を経て、現在の日本人の原型が形づくられていったということです。

さて、前節でも触れたように、ヤポネシア人は、大きく3グループに分けることができます。具体的にいうと、北部のアイヌ人、南部のオキナワ人、そして中央部のヤマト人です。

このヤマト人を細かく見ると、本州、四国、九州などの地域によって違いがあることが、最近の研究で判明しつつあります。

たとえば、九州南部のヤマト人は、地理的に近いオキナワ人に近い顔つきをしています。

遺伝子の調査からもその傾向が示されています。そして、おもしろいことに地理的には遠く離れた東北のヤマト人が、九州南部のヤマト人、オキナワ人とやや近いこともわかっています。

実際に、東北地方出身者の中には、基本的にはのっぺりした顔つきの人が多い中で、彫りが深くオキナワ人に顔かたちの近い人がときどき存在します。たまたまそうなのかもしれませんが、もっと本格的に調査をすれば、九州や沖縄と東北のつながりを裏付ける結果が出るようにも感じます。

こうなった過程を推理すると、ヤマト人の中の古いタイプの系統が、本州の北部と南部に追いやられながらも細々と生き残り、その子孫が今日につながっているという解釈ができます。

負け犬的な視点でこの変遷をとらえると、大陸の南方から追いやられた人が日本列島へと移動し、次に北方の大陸人が日本列島へと追いやられ、さらにヤマト人の中から追いやられたグループが沖縄へと移動し、オキナワ人と混血していったという次ページの図のような流れが考えられます。

ヤポネシア3系統の人々の形成

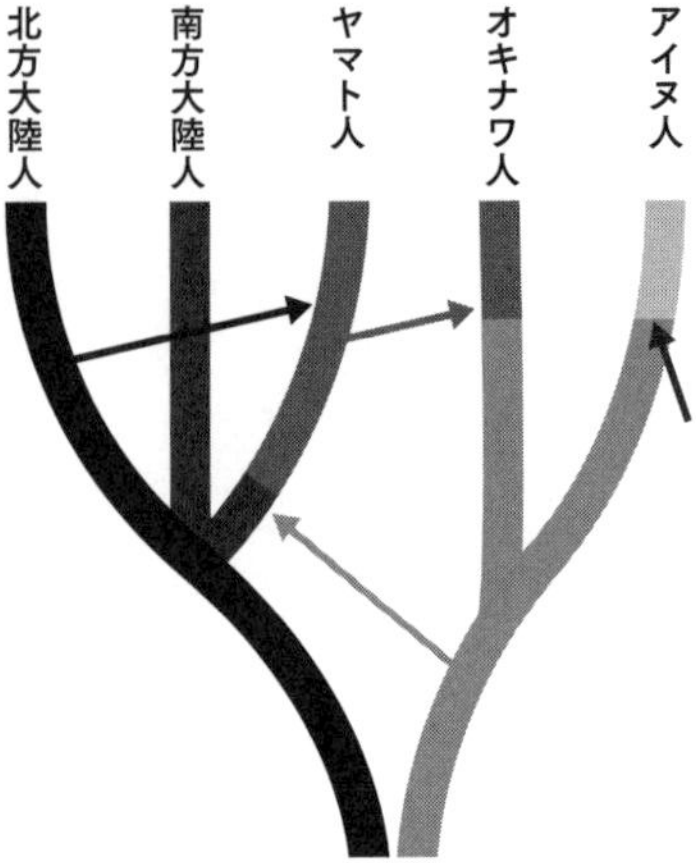

なお上図では、アイヌ人の祖先も別のグループと混血したと描かれています。これは樺太から南下してきたオホーツク文化人がアイヌ人の祖先と混血して、現在のアイヌ人が形成されたことを示しています。

縄文人の子孫であるアイヌ人の祖先は、オホーツク文化人と混血することで縄文人の特徴（１０５ページ参照）を少し失ったはずです。ただ、現在でもアイヌ人は縄文人のＤＮＡの３分の２を受け継いでいることがわかっています。

第3章

人類は進化の過程でなにを失ったのか

――進化とは「トレードオフ」である

立ち上がったせいで痔になった

この章では、人類が直立二足歩行へと進化したことでなにを失い、またなにを得たのかについて、複数の側面から語っていきたいと思います。

まず強調しておきたいのは、「私たち人間は地球上にたくさんいる生物のうちのひとつに過ぎない」ということです。

人間こそが素晴らしいという発想は、人間が住む地球が宇宙の中心であり、太陽が地球のまわりを回っているという発想と似ています。私は「人間こそが素晴らしい」という発想で考えると、間違いをおかすのではないかと考えます。人間は取り立てて素晴らしい存在というわけではなく、ただの生物の一種に過ぎないという前提に立てば、より的確に直立二足歩行のメリット・デメリットをとらえることができます。

最初に挙げる直立二足歩行のデメリットは「痔《じ》」です。そもそも痔は、直腸下部、肛門に起きる病変の総称です。一般的に痔核《じかく》、痔裂《じれつ》、痔瘻《じろう》という種類に分けられますが、特に日本人に多いのが痔核、俗にいう「いぼ痔」です。
痔核は肛門周辺の静脈が鬱血してこぶのようになり、これが痛みや出血の原因となり、患者を悩ませます。痔核のような症状が生じるのはなぜでしょう。肛門にはクッションがあり、排便時に肛門が傷つくのを防いだり、安静時に便が漏れたりしないような役割を果たしています。このクッションは静脈の血管が細かい網目状になった痔静脈叢《じじょうみゃくそう》やその周辺の支持組織によって構成されています。

このクッションは年齢とともに崩れて弱くなります。そして排便時にいきむと肛門の外に脱出します。この状態が痔核です。痔核の原因は加齢のほかに便秘症が考えられます。便秘症の人は、排便時に長時間力みます。このとき痔静脈叢が鬱血し、硬い便が肛門を傷つけて炎症を起こして腫れ上がるからです。

では、痔核と直立二足歩行には、どのような関係があるのでしょうか。まず、四足歩行をしている動物の脊椎は水平になっていて、体重は四本の足に分散しています。肛門の周辺に大きな荷重がかかるわけではありません。一方直立二足歩行の人間には、上半身の体重が腰や肛門のあたりに集中してかかります。その結果、血管に鬱血が生じ、炎症を起こしやすくなり、痔核になりやすいと考えられます。

もうひとつ関係しているのは心臓の位置です。四足歩行の場合、肛門は心臓よりも高い位置にあります。心臓から肛門に送られた血液は、自然な流れに任せて心臓へと戻ります。これに対して、二足歩行では肛門が心臓よりも低いところに位置しています。心臓から肛門に血液を送るときには問題ないのですが、肛門から心臓に血液を送り返すときには重力に逆らうことになります。

すると、必然的に肛門付近で鬱血が起こりやすくなります。そもそも、前述した肛門のクッションは、こうした肛門付近の鬱血を防ぐために作られているのですが、機能の低下によって、クッション自体が鬱血してしまうというわけです。つまり、二足歩行をしている限り、人間は痔に悩まされる宿命から逃れられないのです。

進化のせいで、腰痛に悩んだ

直立二足歩行が人類にもたらしたふたつ目の試練は「腰痛」です。日本では人口の実に4分の1に相当する約2800万人が腰痛を抱えているとされ、立派な国民病となっています。世界的に見ても約10人にひとりが悩まされており、腰痛の悩みは洋の東西を問いません。

腰痛に苦しむ人が多いのは、人類が四足歩行から直立二足歩行に進化したことが原因とされています。単純に考えて上半身の重さが腰の骨にかかるわけですから、腰痛が起きやすくなるのは当然です。

次ページのイラストに示したように、人間の背骨は「椎体《ついたい》」という円柱状の骨が積み重なって形成されています。ちょうど、だるま落としの積み木を重ねてタワーを作ったようなイメージです。

円柱状の骨は下から腰椎《ようつい》5個（まれに6個ある人もいます）、胸椎《きょうつい》12個、頸椎《けいつい》7個の合計24個で構成されています。このほかに、腰椎の下につながってひとつの骨になった仙椎《せんつい》があります。

この骨同士がただ重なっている状態だと、骨と骨がぶつかり合って傷ついてしまいます。特にジャンプをして着地するときには衝撃を吸収できません。そこで、骨と骨とのあいだには「椎間板《ついかんばん》」という軟骨がついていて、クッションの役割を果たしています。

重いものを持ったり、体を強くひねったりすると、この椎間板に負担がかかり、正しい

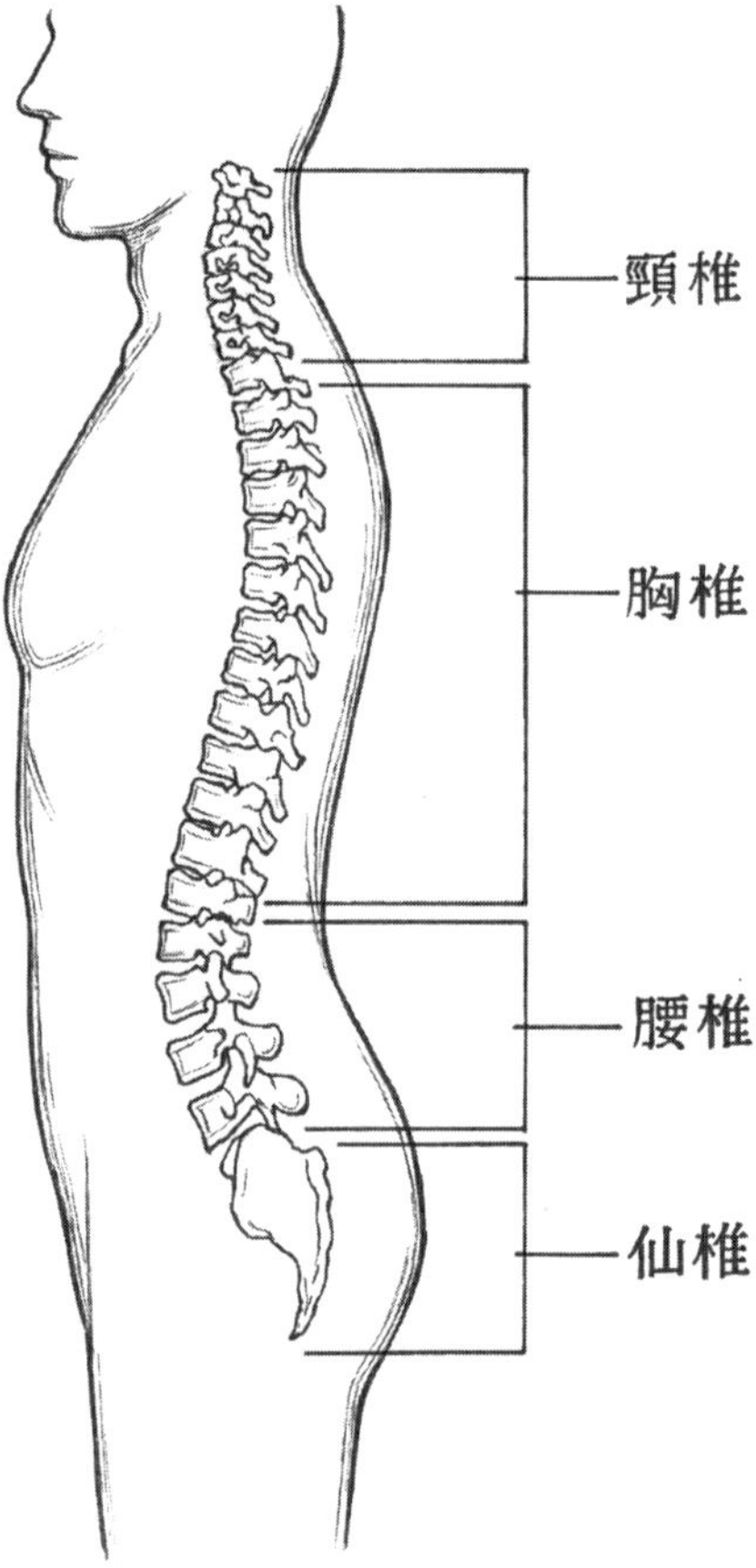

ヒトの椎骨

位置からずれることで椎間板ヘルニアの原因となります。これも直立二足歩行だからこその症状です。

ヒトの背骨は真っ直ぐ伸びているわけではなく、首と腰のところで前に反り、胸のところでは後ろに反るS字カーブを描いています。椎間板のクッションだけでは走ったり飛んだりするときの衝撃を吸収し切れないからです。ベッドやソファーには、S字の形状をしたスプリングが使われていることがあります。このS字スプリングは、私たちの体重を支えて衝撃を吸収する役割を担っていますが、これと同じ原理です。とはいえ、それでも腰痛が解消できているわけではありません。

腰痛に苦しむ人が、仮に四足歩行に変えたとすれば、痛みの症状は改善するでしょう。しかし、現実には四足歩行で社会生活を送るのは不可能です。人類は、腰の痛みと付き合いながら二足歩行を続ける宿命にあるのです。

人間以外は高血圧にならない

次にお話しするのは、二足歩行と血圧の関係です。

心臓から送り出された血液が血管壁にかける圧力を血圧といいます。高血圧は、この血圧が高い状態を意味します。血圧は、心臓が収縮して血液を押し出すときに高くなり、心臓が拡張して血液の流れがゆるやかになると低くなります。血液を押し出すときのもっとも高い血圧を収縮期血圧（上の血圧）、血液の流れがゆるやかなときのもっとも低い血圧を拡張期血圧（下の血圧）といいます。血圧は㎜Hg（ミリメートル水銀柱）という単位で計測し、高血圧と診断される基準は上の血圧が140㎜Hg以上、下の血圧90㎜Hg以上です。

年を重ねるにつれ、高血圧になる人は増えます。高血圧の状態が続くと、動脈（血液を送る血管）の血管壁が厚くなり、血液の通り道が狭くなったり弾力を失ったりして血管が硬くなる動脈硬化を起こしやすくなり、脳卒中や心筋梗塞の原因にもつながるおそれがあります。そのため、生活習慣を改善したり治療したりする必要があります。

高血圧には、「二次性高血圧」と「本態性高血圧」の2種類があります。二次性高血圧は、腎臓や副腎などの病気が原因で起きる高血圧のこと。高血圧全体の5～10％程度と考えられています。残りの大部分の高血圧は、原因がはっきりしない本態性高血圧です。本態性高血圧は肥満、塩分の摂り過ぎや、飲酒、運動不足、ストレス、喫煙などの生活習慣が関係するとされるほか、遺伝的体質も組み合わさって起こると考えられています。遺伝的体質とは、高血圧という病気そのものが遺伝するのではなく、高血圧になりやすい体質が遺伝するという意味です。

では、直立二足歩行と高血圧はどのように関係しているのでしょうか。二足で立ち上がると、心臓から脳などへと重力に逆らって血液を送りこまなければならないという問題が生じます。若くて健康なときは正常な血圧でも血液を送ることはできます。けれども、年を取ると血管が狭くなって弾力を失い、正常な血圧では血液を送りこめなくなります。

そこで体は自然に血圧を上げることを選択します。血圧が上がれば血液は送られますが、血管には大きな負担がかかり動脈硬化が進行します。動脈硬化は高血圧を進行させるので、高血圧→動脈硬化→高血圧という負のスパイラルに陥ります。これが、年を取った二足歩行の人間だけが高血圧になるメカニズムです。

「産みの苦しみ」も人類だけ

人類が直立二足歩行によってこうむったデメリットには難産もあります。「産みの苦しみ」という慣用句があるように、ヒトは哺乳動物の中でも圧倒的に難産です。基本的に、たいていの哺乳類はメスが単独で出産し、産後はすぐに動き回ることができます。けれども、人類は古くから出産に介助者の手を借りてきましたし、産後の体の回復には一定の期間を要します。

出産の難しさを示すデータのひとつが妊産婦の死亡率です。西暦1900年、今から120年以上前の日本の妊産婦死亡率（出産10万人あたり）は436・5。1年間で実に6200人もの人々が亡くなっていました。それ以前の時代は、当然ながらもっと高確率で母体死亡が起きていたのです。

現在、出産には「危険だけれども、死ぬほどではない」というイメージが定着していますが、日本産婦人科医会の統計によると、2010年から2019年までの妊産婦の平均

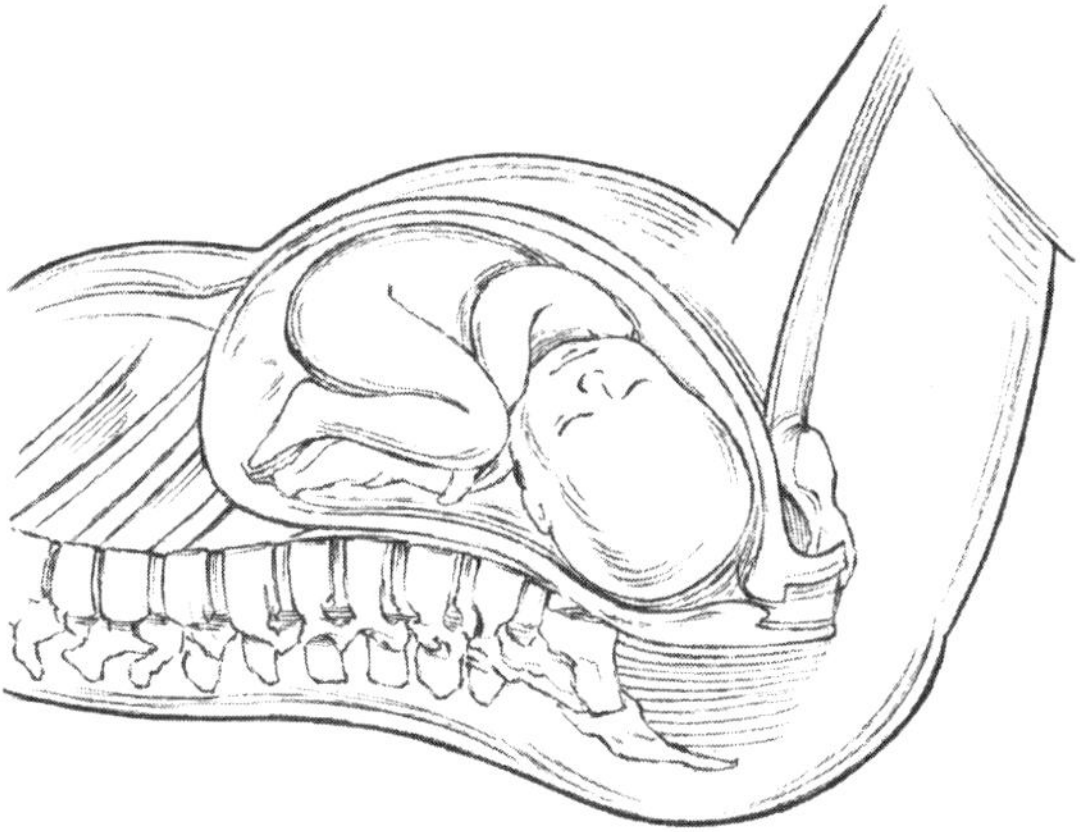

ヒトの出産の状態

死亡者数は全国で1年あたり44・6人。昔に比べればずいぶん減りましたが、出産件数に対する割合では、妊産婦の死亡率は1％弱となります。現代の技術をもってしても、出産には高いリスクがあります。近代医学が導入される前の時代まで、若い女性の死因のトップが出産だったのも当然です。

ヒトが難産である理由はいくつかあり、それは直立二足歩行とも関係しています。まず、四足歩行をする動物の子宮口は、肛門や尿道と同じように後方を向き、胎児の重さを肋骨と腹筋で支えています。これに対して、ヒトは二足歩行をしているので子宮口と肛門、尿道が下向きになり、胎児が落ちないように産道はS字にカーブしています。

また、ヒトは上半身と内臓を支えるための筋肉と骨が発達しています。たとえば骨盤底筋は、子宮、膀胱、直腸を含む臓器を支えるハンモックのような役割を果たしています。

この筋肉は子宮口を閉じる役目もあり、難産のひとつの原因となっています。逆に、出産後の女性は骨盤底筋がゆるみ、尿漏れなどのトラブルを起こしやすいので、骨盤底筋のトレーニングが推奨されているわけです。

もうひとつ見逃せないのは産道と胎児の大きさの関係です。ヒトが難産になるのは、産道の大きさと比較して生まれる赤子が大きいからです。たとえば、100kg近くあるゴリラの赤子が生まれるときの体重は1700～1800gくらい。ヒトと比べると半分くらいの大きさです。

ヒトの胎児は圧倒的に大きな頭（発達した脳が入っている）を持っています。S字カーブの産道を大きな頭が通過するのは一筋縄ではいきません。胎児は非常に狭い産道を通るために、頭を4cm近くすぼめるといわれます。新生児の頭の形がいびつなのはそのせいです。

ただ、ヒトの産道は小さいのですが、人体はこれを乗り越えて出産できるように変化してきたのも事実です。まず、骨盤の骨を変形させることで産道の口径が大きくなりました。

ほかの動物と比較して、人体の骨盤に大きな性差が見られるのはそのせいです。

さらに、動物の多くは恥骨結合部が加齢とともにふさがっていきますが、ヒトは30歳くらいまで成長していくのが一般的です。これも出産時に一時的に産道を大きくすることに貢献しています。

9か月も育てたのになぜ、「未熟児」で生まれるのか

ヒトの妊娠期間は俗に「十月十日《とつきとおか》」といわれますが、平均すると約38週、266日ということになります。

哺乳類の中でヒトの妊娠期間は長い部類に入ります。短いものからいえば、ハツカネズミの妊娠期間は約20日。1年間で5〜6回妊娠します。1回の出産で5〜6匹を産みますから、「ネズミ算式」という言葉があるのも納得です。同じく多産であるウサギは1回の出産で4〜7頭を産み、妊娠期間は28日。類人猿に属するゴリラの場合、妊娠期間はヒトよりもやや短い250日です。

一方、ヒトよりも妊娠期間が長い動物に目を向けると、シロナガスクジラは350日で

キリンは460日。そして哺乳類の中でもっとも妊娠期間が長いのはゾウの650日。およそ2年弱もの期間にわたって妊娠している計算です。

このように、ヒトの妊娠期間は長い部類に入りますが、その割に子どもは未成熟で生まれます。

ヒトやチンパンジーを比較すると、赤ちゃんの自立がもっとも早いのはチンパンジーです。チンパンジーの赤ちゃんは、生まれてすぐ母親の胸にしがみつくことができ、生後2~3か月ほどでミルク以外のものを食べるようになり、離乳していきます。

なお、ヒトの離乳時期は生後1~1年半、チンパンジーは4~5年とされます。チンパンジーの赤ちゃんは大切に守られているように思えますが、野生のチンパンジーは3歳頃には栄養的に自立することができます。また、ヒトの赤ちゃんと違って大声で泣くことがほとんどありません。

自力で歩きはじめるまでに約11~18か月という長い期間がかかる点を考えても、やはりヒトの赤ちゃんがもっとも過保護に育てられているといえます。

ヒトの赤ちゃんも、我々の祖先の時代にはチンパンジーと同じように、生まれてすぐ母親の胸にしがみつくことができていたはずです。

しかし、現生人類の赤ちゃんは「未熟児」で生まれるため、首もすわっておらず、母親の胸にしがみつく力はありません。普通に考えれば、外敵から逃れやすくなるために、赤ちゃんには早めの自立が望まれるはずです。なぜ、9か月も大切に母体で育てても「未熟児」で誕生するのでしょうか。

中立進化の考え方でいうと、人間の赤ちゃんが「未熟児」として生まれるようになったのは偶然です。あるとき突然変異で母親の胸にしがみつけない赤ちゃんが生まれました。普通は、しがみつけない赤ちゃんは生存に不利なので淘汰されてしまうのですが、母親が赤ちゃんを守ったり、住居や食料などを確保したりしたことで、無事に成長させることができました。

結果として、赤ちゃんが「未熟児」でも生きていけるようになり、「未熟児」として生まれる赤ちゃんが増えていったと考えられます。

スイスの生物学者であるアドルフ・ポルトマンは『人間はどこまで動物か』という本の中で、「生理的早産」という概念を提示しました。生理的早産は、人間がほかの動物と比較して圧倒的に未成熟な状態で生まれることを指したものです。

哺乳類の赤ちゃんは、非常に発達し機能も備わった感覚器官を持った状態で誕生します。体は、基本的には成体をそのまま小さくした形であり、成体と同じような運動を行ない、コミュニケーションを取ることもできます。これはチンパンジーやゴリラ、その他霊長類の赤ちゃんでも同様です。

しかし、ヒトの場合だけなぜか未成熟の状態で生まれ、前述した段階に達するまで1年近くの時間を要します。人間の赤ちゃんはまわりの大人の手助けがなければ、まったく生きていくことができません。

いってみれば、ヒトは1年早く母親の胎内から産み落とされることになります。ポルトマンによれば、ここに人類の特殊性があります。もしヒトの赤ちゃんが2年近く母親の胎内にいることになれば、子どもの成熟過程は自然の法則に従うことになり、個体間の違いは小さくなります。

これに対して、産後の生活は文化の違いによってさまざまであり、赤ちゃんは異なる経験をすることになります。これが人間の個性を形成し、人間たらしめているというのがポルトマンの主張でした。要するに、運動機能などは未発達であるかわりに出産後の教育効果を優先しているのかもしれないのです。

余談ですが、私は昔から「未熟児」で生まれる人間の子どもは3歳にして人生のピークを迎え、あとは老いるだけであるという仮説を持っています。一見荒唐無稽に聞こえるかもしれませんが、一応生理学的な根拠もあります。まず、3歳になった子どもは普通に大人と会話をすることができますし、不満があれば口答えもします。しかも、3歳にもなればけっこう速く走ることもできます。

脳の発達や運動能力については、もう少し年長になってからピークを迎えるのは知っていますが、まわりの人を魅了する力やかわいげなどを考慮すれば、3歳がピークだと思うのです。

文学においても3歳児のピークを思わせる作品がいくつかあります。たとえば、アメリカの作家であるJ・D・サリンジャーの『ナイン・ストーリーズ』という短編集の中に「バナナフィッシュにうってつけの日」(A Perfect Day for Bananafish)という短編があります。このお話には、黄色い水着を着たシビル・カーペンターという幼女が登場します。シビルはシーモア・グラースという主人公の青年に好感を持っていて、シーモアがシャロン・リ

脳における遺伝子発現量の変化

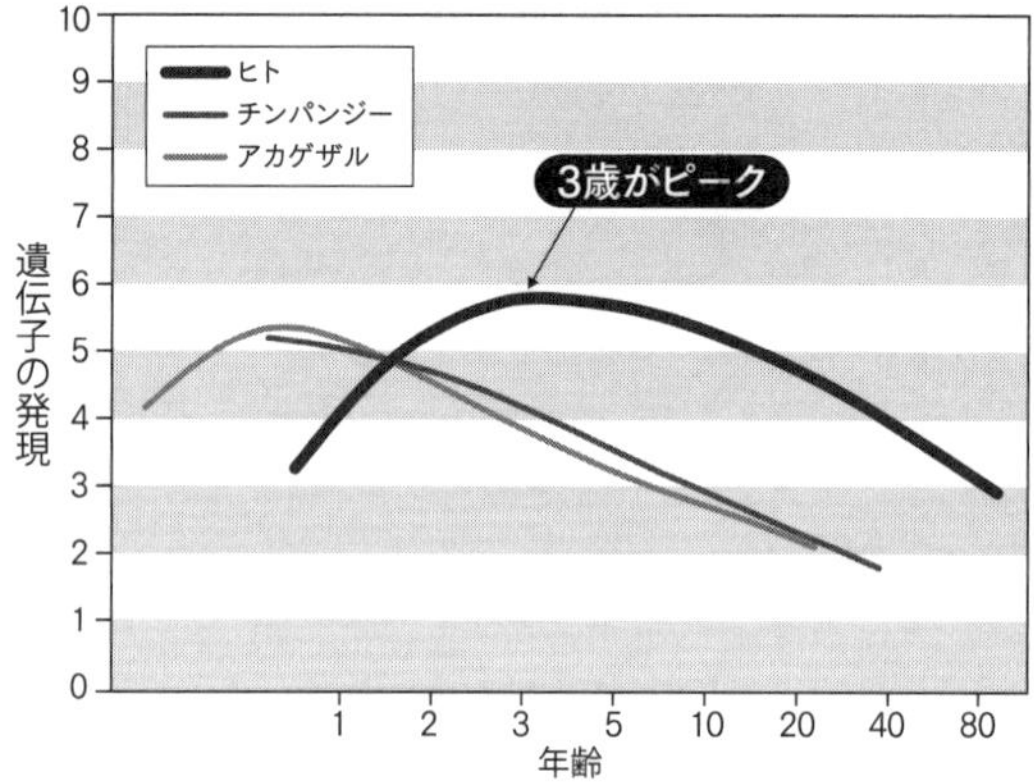

出典：Liu X. et al. 2012, Extension of cortical synaptic development distinguishes humans from chimpanzees and macaques. Genome Research, vol. 22, pp. 611-622

プシャッという3歳の女の子をピアノの椅子に座らせたことに嫉妬します。幼女がおじさんを取り合おうとする構図におもしろさがあります。

私自身の娘達を振り返ってみても、やはり3歳のときが一番かわいかったと感じます。RNAを通じて人間の脳の働きを調べる研究では、ヒトが3歳でピークを迎えるという仮説を裏付ける結果が出ています（上図参照）。将来的に私の仮説を裏付けるデータが出てくれることを期待しています。

体毛がなくなった

次に見ていきたいのは、体毛の変化です。

チンパンジーやゴリラは全身が毛で覆われているのに対して、人類は髪の毛など一部を除いて体毛が薄いという特徴があります。

おそらく直立二足歩行をはじめた段階では、チンパンジーなどと同じように全身を体毛が覆っていたと考えられます。というのも、二足歩行がはじまったのは、まだチンパンジーと人類の共通祖先の段階といわれており、いったん体毛を失ってからチンパンジーとヒトが分岐したあとにチンパンジーの体毛がふたたび生えてきたとは考えにくいからです。

ヒトの髪の毛が残った時期、つまりほかの体毛を失った時期については、シラミの進化をめぐるさまざまな研究と議論があります。まず、ヒトには3種類のシラミが寄生します。アタマジラミとコロモジラミとケジラミです。アタマジラミは頭髪に、コロモジラミは衣服に、ケジラミは陰部に寄生します。このうち、アタマジラミとコロモジラミは祖先が近く似た種類です。ヒトが衣服を着用するようになったのを機に、頭頂部に寄生していたシラミが衣服に寄生するように進化したと考えられます。

ドイツにあるマックス・プランク研究所のマーク・ストーンキング氏らは、アタマジラミとコロモジラミのDNAの塩基配列の違いを比較しました。その結果、アタマジラミとコロモジラミが分かれたのは約7万年前であると推定されました。この時期にヒトが衣服を着用するようになったと考えられるわけです。

人類が体毛を失ったのは、アタマジラミとケジラミの違いと関係しています。ヒトは頭部と陰部に体毛が残されています。全身の体毛が失われて、この2箇所の毛が残ったときに2種類のシラミが分化したと推測できるのです。

フロリダ大学デイビッド・リード博士の研究では、ヒトのシラミとほかの類人猿のシラミのDNAを比較した結果、ケジラミは300万年前にゴリラからもたらされたという結論が導き出されました。つまり、ゴリラのシラミがヒトに感染したときには、すでにヒトの体毛が失われていたと考えられるわけです。

とにかく、人類は直立二足歩行をしながら体毛を保持する時代を過ごしていましたが、ある時点から体毛が少なくなっていったのでしょう。

体毛が薄くなった理由として一般的に唱えられているのは「汗をかくようになったため」というものです。森を出てサバンナに暮らすことになった人類は、長時間直射日光を浴びるようになり、体温調節をする必要に迫られます。結果として、汗をかくことで水分が蒸発するときの気化熱を利用し、体温を下げる方向に変化したというのです。

体毛が薄くなったことで汗をかけるようになったのか、汗をかくようになって体毛が薄くなったのか、前後関係は不明ですが、汗をかくことと体毛を結びつける主張には頷けます。

ほかにも体毛が薄くなったことにさまざまなメリットを見出す見解はあるのですが、どれも疑わしく感じられます。東アジア人は特に体毛が薄いので、毛が少ないことを正当化しているようにも思えるのです。

たとえばヨーロッパでは体毛が濃い俳優がセクシーであると評価されていた時期もあります。時代とともに体毛は毛嫌いされたり再評価されたりすることがあり、そういったムードに影響されている面も否定できません。

どうして髪の毛やわき毛、陰毛などだけが残ったのかという点については、「頭髪は直射日光から頭を守るため」など、さまざまな理由が論じられてきましたが、現時点では理由はよくわかりません。世の中にはスキンヘッドにしている人もいますし、体毛のすべてを脱毛している人もいます。それでも特に支障なく生活をしているわけですから、体毛がないと生きていけないということはありません。

私は、体毛喪失は火や道具の使用と関係していると考えます。中立進化的には、あるとき突然変異で体毛が極端に少ない赤ちゃんが生まれたのではないかと推測します。お母さんは、その子どもを大事に育てたでしょうし、寒い場所でもたき火で温まれば体毛が薄くても生き延びることは可能です。

そうやって体毛がある子とない子が同じように成長し、たまたま体毛が薄い人々が広まってきて、あるときに体毛に覆われている人を逆転したという可能性があります。

便利な足を失った

人類の祖先は直立二足歩行に特化することで、使い勝手のいい足を失いました。少なくとも、二足歩行によって走力を獲得したわけではありません。四足歩行のほうが間違いなく安定していますし、現にウマやチーターなど四足で人間より速く走る動物は世界中にたくさんいます。

四足歩行に関して、私自身の経験をお話ししましょう。私が小学校の低学年だった頃、

『狼少年ケン』というテレビアニメが放映されていました。ジャングルで狼に育てられた少年が仲間の動物たちとともに森を守るという物語で、同時期に放映されていた『鉄腕アトム』と人気を二分していました。

今改めて調べると、『狼少年ケン』の第一話のタイトルは「二本足の狼」。ケンは森の中を二本足で駆け回っています。ところが、このアニメを見たあと私は早速近所の道を四足で走り回ったのを覚えています。おそらくジャングルの世界観に強く影響されたのでしょう。

人間の大人が四足歩行をすると、脚のほうが長いためバランスが取りにくいのですが、子どもは腕と脚の長さにそれほど差がありません。そのため、四足でも比較的スムーズに走ることができます。このエピソードを人類学の先輩などに話すと非常に驚かれましたが、子どもの頃の私はたしかに四足でけっこう速く走っていました。

二足歩行のほうが合理的で優れているというのは単なる思いこみであり、「二足歩行のほうが速いから人類にとって生存に有利だった」という解釈は間違っています。むしろ、たまたま二足歩行になり、仕方なく二足歩行をしているうちに二足歩行が一般化したと考えるほうが自然なのです。

尾もなくなった

地球上の脊椎動物の中で、ヒト上科（ヒト、チンパンジー、ボノボ、ゴリラ、オランウータン、テナガザルの仲間）の生物は尾を持っていません。

尾を失ったのは2000万年以上前とされ、チンパンジーと人類の共通祖先はもともと尾がなかったと見られます。

あるときテレビニュースを見ていたら、サファリパークで飼われているサルの子が、柵の外にあるミニトマトを取ろうと格闘しているシーンが放送されていました。サルの子は手に棒を持ち、直接手が届く位置までミニトマトを引き寄せようと必死に手を動かすのですが、トマトはなかなか思うように動いてくれません。

サルは棒を太いものに変えてふたたびチャレンジしますが、棒の長さが足りず、やはりトマトを引き寄せることができずにいます。さらに、棒を使ってもっと長い棒を引き寄せようとするなど奮闘の様子が続きます。

そしてサルの子がいったんその場を離れた瞬間です。別のサルがやってきて、長い尾を使ってミニトマトをからめ取り、あっさり横取りしてしまいました。

サルにとって尾は手足のような道具でもあります。尾のついていたほうが生存に有利だとは思います。生存に不利になるのに人類の祖先が進化の過程で尾を失ったのは、やはり中立進化で説明がつきます。簡単にいうと、「尾があったほうが便利ではあるけれど、なくても生きていけた」ということです。

突然変異で尾がない仲間が生まれても、手足で代用すれば生きていくことができ、尾を持つ仲間と同じように子どもを残すことができた。その結果、尾がない仲間がしだいに増えていったということです。

ちなみに、ニホンザルはマカカ属に属しますが、その中では尾が短く、英語でJapanese apeと呼ばれることがあります。apeは類人猿のことですが、ここでは尾が短くて類人猿みたいだねという感じです。ニホンザルはヒト以外の霊長類の中でもっとも寒い地域に住んでいるので、そのような環境と関係があるという議論もありますが、おそらく尾が短くなる突然変異が偶然ニホンザルの祖先の中で広がっていった、中立進化の結果でしょう。

哺乳類全体に目を向けると、有袋類のコアラには尾がありません。同じ有袋類でもカンガルーに立派な尾があるのと対照的です。また、マダガスカル島に生息するトガリネズミ目のテンレックとアフリカ獣類イワダヌキ目のハイラックスにも、非常に短い尾しかありません。

哺乳類から離れると、カエルは無尾類という名の通り、オタマジャクシのときは尾があるものの、変態すると尾を失います。

ヒトも妊娠2か月くらいまでの胎児のときには尾がついていて、成長の過程でだんだん小さくなっていきます。最終的には尻尾の痕跡のような骨だけが残ります。「尾骨《びこつ》」と呼ばれる骨です。尾骨はただついているだけで特に機能しない状態にある退化器官です。

しかし、成人にも尾といえないまでも尾骨が多少出っ張っている人はいます。私の知人にも尾骨が少しだけ出っ張っている人がいました。その人は尾骨が普通の人より大きく出っ張っていて、その部分を触るとゴリゴリと音が鳴るとおっしゃっていました。

ビタミンCを作れない生物は少数派

ビタミンは天然の食品中に含まれている一群の有機化合物です。生命活動に不可欠な物質ではありますが、人間は体内で生成することができません。ビタミンの中に、ビタミンCと呼ばれるものがあります。アスコルビン酸という物質で、コラーゲンの生成に必須の化合物です。ヒトはアスコルビン酸を合成する最後の過程で必要なL－グロノラクトンオキシダーゼの遺伝子が壊れているので、ビタミンCを合成することができません。ちなみに、この酵素遺伝子のDNA配列は錦見盛光氏らによって決定されました。

ビタミンCを生成できない生物は少数派です。ミカンやレモンなどにビタミンCが含まれているのは周知の通りですし、豚などの動物の肉にもビタミンCが含まれています。北極圏に住むイヌイットの人たちが野菜や果物が収穫できない場所で健康的に生活できていたのは、クジラやアザラシ、トナカイなどの肉を食べていたからです。

ビタミンCは人類だけでなく、チンパンジーやゴリラも体内で生成することはできません。どうしてかというと、今から3000万年前くらいにヒト、チンパンジー、ゴリラの共通祖先においてビタミンCを作る酵素の遺伝子が壊れてしまったからです。遺伝子が壊れても生き延びることができたのは、果物を食べてそこからビタミンCを摂取したからです。

誤解のないようにいうと、正しい順番としては、「ビタミンCを体内で生成できなくなったから、食べ物を通じてビタミンCを摂取することで補うようになった」ではありません。もともとビタミンCを含む食べ物を摂取していたので、偶然体内でビタミンCを生成できなくなっても生き延びることができたのです。

霊長類以外にも、ビタミンCを体内で生成できない動物は存在します。有名なところではゾウ、フルーツバット、メダカなどがいます。フルーツバットは文字通り果物を主食とするコウモリの総称です。おそらくメダカも普段食している藻類などから知らないうちにビタミンCを摂取していたでしょうし、フルーツバットも知らないうちに果物からビタミンCを摂取していたのでしょう。

こういった例からもわかるように、遺伝子が壊れる・死ぬということは決して珍しいことではありません。人類進化の研究者の中には、遺伝子が死んだことによってかえって人間にプラスに働いたという説を唱える人もいます。英語では「Less is more（少ないほうが豊かである）」ということわざに象徴される考え方です。

しかし、私は「遺伝子が死んだほうがよかった」というのは少しいい過ぎではないかと思います。ビタミンCを体内で生成できなくなっても、生成できたときと同じように問題なく生きていける。これは、遺伝子の変化が生存の条件と無関係だったことを示しており、つまり中立進化であることのなによりの証拠です。

遺伝子が死んでいても生きていても、どちらでもよかったというのが基本的な私の解釈です。

両手が空いて、道具を使えるようになった

本章の前半では、直立二足歩行によって人類が失ったものに着目してきましたが、ここからは、逆に人類が得たものについて語っていきたいと思います。

まず、直立二足歩行をすることで両手を自由に使えるようになったのは大きなメリットでしょう。これにより道具を用いることができるようになったからです。

たしかにチンパンジーやゴリラ、オランウータンも、座れば一時的に両手を自由に使うことは可能です。実際にチンパンジーが人に向かって石を投げたり、石を組み合わせて原始的な道具を作ったりすることは見られます。その意味で、四足歩行の類人猿も「手で道具を使っている」とはいえます。

ただ、なぜか人類の系統だけが圧倒的に手を使うようになり、石器や火を使いこなすようになりました。両手を使うようになったのは、ひとつにサバンナで生活しているという環境が影響していたのでしょうが、最初はまったくの偶然だったと推測されます。

両手を使えるようになり、おそらく最初は石を活用した原始的な狩りをはじめたのではないでしょうか。地面に落ちている石を拾ってネズミやウサギなどの小動物に当てると、食料を確保できます。現生のチンパンジーも石を拾って人などに投げつけることはありますから、初期の人類もそのように石という道具の有効性に気づいたのでしょう。

もともとは地面に落ちている天然の石を拾い、何も加工せずに使用していたはずです。一度使った石を保管しておき、何度も再利用していたとも考えられます。そして、ただの石よりも尖った石のほうが狩りの道具としては有効であると気づき、石を加工しはじめま

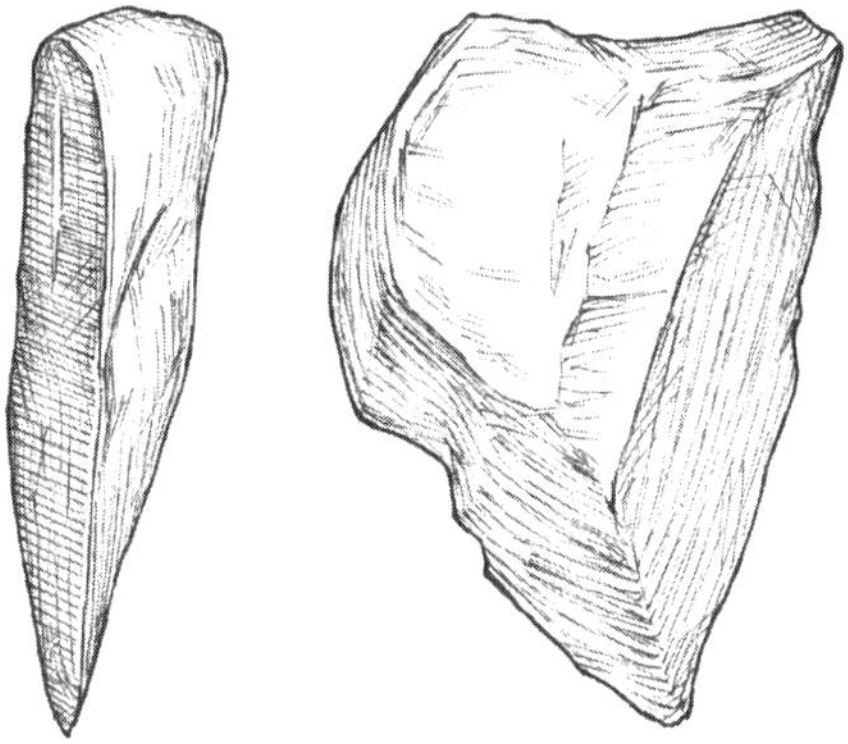

最古のオルドヴァイ型石器

す。それが「石器の発明」でした。

アフリカの大地溝帯では、最古の石器が発見されています。石同士を打ちつけて砕いて作られた上のイラストのような「オルドヴァイ型石器」と呼ばれるものであり、約260万年前のものとされています。


ところで、考古学者は石器の発見に注目しがちですが、見落としやすいポイントがあります。石器は地層に残り、数百万年後に発掘される可能性がありますが、木製の道具は腐食してしまうので発掘が難しいという問題です。

考古学者は発掘された材料をもとに議論を展開しがちですが、発掘されないものについても想像を膨らませる必要があります。

私がいいたいのは、人類の祖先は石器以外の木製の道具も作って活用していたと考えられるということです。

石器と同じように、最初は自然に折れた木の枝を狩りのときに使う槍としていた可能性はあります。そこから木を加工することを覚え、槍を改良したり農具を開発したりしたのではないでしょうか。

火をおこせるようになった

火を使えるようになったことは、人類にとって画期的な出来事だったのは間違いありません。

人類にとって最初の火種は自然に生じたものだと考えられます。最初は自然に発生した山火事や、落雷による火事、火山から流れ出たマグマによる火を使っていたのでしょう。

以前、NHKの『ブラタモリ』で伊豆大島が取り上げられたとき、現地の人が火山を忌避するどころか愛してやまないのを見て驚きました。ある男性島民は、幼少期、1951年に噴火を経験し、流れ出す溶岩で灰皿を作ったと語っていました。火山で遊ぶのが日常の一部になっているのです。人類の祖先も火山活動に直面したとき、好奇心を持って溶岩に近づき、熱や火とのつき合い方を覚えた可能性はあります。

その後、人類が自力で火をおこすまでには相当な時間がかかったはずです。火をおこす技術は、おそらくあるとき天才が発明したのでしょう。火おこしの技術を身につけた天才が「石を木にこすりつければ着火できるよ」などとみんなに教え、それが普及して火おこしの文化が成立したと推測します。

火をおこす技術を発明することができたのは、当然ながら両手を使えるからであり、間接的に「火を使えるようになったのは直立二足歩行のおかげ」ということはできます。

なお、人類が道具を使って火をおこすようになった時期は、まだ特定されているわけではありません。

ケニア北部のコービフォラ遺跡では、約150万年前の地層からホモ・エレクトスの遺骨と一緒に変色した土壌が見つかっています。そこには400℃くらいまで加熱したと見られる植物の珪酸体《けいさんたい》が含まれていました。珪酸体とは、植物の細胞内に蓄積された珪素のことです。植物が化石として残るのは、この珪酸体があるからです。

また、同じケニアのチェソワンジャ遺跡でも140万年前の土を焼いたような遺物が見つかっています。これを作るには400℃まで加熱する必要があると考えられており、やはり火の使用を裏付ける材料となります。

南アフリカのスワルトクランスでは高温で焼かれた動物の骨が見つかっていますが、150万年〜100万年前のものと見られています。

イスラエルのゲシャー・ベノット・ヤーコブ遺跡には79万年〜69万年前に火を使っていた痕跡が見つかっています。焼けたオリーブや大麦、木片、ブドウの種、火打石などが出土しており、人類の祖先が確実に火を使っていた証拠であると考えられます。

火の使用は人類に大きな恩恵をもたらしました。たとえば寒さから身を守ってくれるだけでなく、狩りや戦いの際に獲物や敵を追い立てるための道具として使ったほか、獲物を発見して狩りをしやすくするために森の下草を除く手段としても用いるようになりました。

7000年前頃に中東で農業が行なわれるようになると、畑を開墾し、肥料となる灰を作るために火が使われるようになりました。これはいわゆる「焼畑農業」であり、今日でも熱帯地域の多くで見られる農業手法です。

そして、もっともひんぱんに火を使ったのは、調理のときだったといえます。調理の際に火を使うと、食材についている病原菌や寄生虫などを死滅させることができ、病気になるリスクを大きく低減できます。

ゴリラは果物や植物などを食べる草食動物なのに対して、チンパンジーは主食であるイチジクなどの果物以外に植物も食べますし、集団でサルを追いかけて殺して食べることもあります。この両者と比較すると、ヒトははるかにさまざまな食べ物を口にします。これは火を使えるようになったことと深く関係しています。

私は温かい食べ物や飲み物を口にするだけでも、お腹の中の微生物を死滅させる効果があるのではないかと見ています。もちろん、口にしてから胃に到達するまでに温度は下がっていくわけですが、熱に弱い微生物には影響があるのではないでしょうか。

また、加熱調理によって食べ物の消化・吸収の効率が高まり、より多くの量を食べられるようになります。一度加熱することで、肉などは保存が利くようになり、食料不足の心配が改善する効果もあったはずです。

加熱調理は人類の進化とも深い関係があったと考えられています。最近の研究では、人類の脳のサイズが大きくなったのには、加熱調理の登場が影響しているとする見方が登場しています。

約230万年〜120万年前の東アフリカに生息していた猿人パラントロプス・ボイセイには、矢状稜《しじょうりょう》と呼ばれるものが見つかっています。これは頭頂部の前後に走る竜骨状の骨性隆起です。

矢状稜の存在は、強大な咀嚼力によって側頭筋の付着部が側頭部から頭頂部へと大きく広がっていたことを示しています。パラントロプス・ボイセイは発達した顎も備えていたので、硬い植物性の食物や根などを主食としていたと考えられます。

パラントロプス・ボイセイと比較すると、ホモ・エレクトスの矢状稜は小さく、咀嚼にかかわる側頭筋は縮小しています。咀嚼にかかわる筋肉が縮小すると、頭骨を押さえつける力も弱まるので、結果として頭骨を大きくする進化につながったと考えられます。

咀嚼にかかわる筋肉が縮小したのは、加熱調理によりやわらかい食物を食べるようになったからと考えるのが自然です。

加えて、加熱調理により食料から摂取できる栄養分が増えたことも、脳を発達させることに貢献しました。基本的に体を大きくするには、摂取するカロリーを増やす必要があります。特に、脳はカロリーの消費効率が悪いので、栄養が不十分だと脳を大きくすることは不可能です。しかし、加熱調理をするようになり栄養摂取の効率が向上した結果、人類は体の大きさと比較して大きな脳を獲得するに至りました。

ホモ・エレクトスは60万年の間に脳が2倍の大きさに変化しています。これに対して、ゴリラやチンパンジーなどは調理をせずに食物を食べているので、脳の拡大が起きなかったというわけです。

脳が発達したことで、人類は時間をかけて食物を噛み続ける必要がなくなりました。余剰になった時間でものごとを考えるようになり、文化や芸術、技術を生み出せるようになったともいえるのです。

視野と世界観が広がった

次に見ていきたいのが、直立二足歩行と視点の関係です。二足歩行と四足歩行を比較すると、視点の高さの違いは一目瞭然です。直立二足歩行をすることで、物理的に視点が上がり、視野が広がります。

これにより、遠くまで見渡せるようになり、視覚から得られる情報量も格段に増えます。たとえば、ライオンやトラなどの捕食者に気づきやすくなったのは間違いないでしょう。

しかし、単純に外敵を見つけやすくなったという以外にも、視点が上がることによる変化があった、と私は考えます。

たとえば、高い視点から遠くを見渡して「あのあたりに森がある。あの森に行けば、なにか木の実が手に入るかもしれない」「あの辺に水辺がありそうだから、飲み水を確保できそうだ」などと考えていたかもしれません。

その延長で「もっと遠くに行けば、なにかよい世界にたどりつけるかもしれない」という希望が生まれ、人類が移動を行なう原動力になった可能性もあります。

その点からいうと、直立二足歩行は人類の「世界観」の広がりに貢献しました。少々論理が飛躍するかもしれないですが、直立二足歩行は人類の思考力を向上させたともいえるのです。

霊長類最大のペニスを手に入れた

次にちょっと目線を変えて、人類のペニス（陰茎）について考察してみることにします。ヒトのペニスのサイズは霊長類最大といわれています。ヒトよりも大きな体を持つゴリラのペニスは3cm、オランウータンは4cm、チンパンジーは8cmでヒトは15cmとなっています。

ヒトに次いで大きなペニスを持つのはボノボの14cmとされます。ボノボのオスの体長は73〜83cmですから、体格と比較すればヒトよりもペニスの存在感は大きいといえます。

ボノボは、オス同士で勃起したペニスをすり合わせる行動を取ることがあります。仰向けになったオスが受け身になり、もう一方のオスが腰を押しつけます。

あるいは、「ペニスフェンシング」をすることもあります。2頭のオスが向かい合って枝にぶら下がり、フェンシングの剣のようにペニスを交わす行為です。これはオス同士によるコミュニケーションの手段であり、争いを回避するために行なっているとされています。

オーストラリア・ニューサウスウェールズ大学の進化生物学教授であるダレン・カーノー氏は、人類のペニスが霊長類最大になった要因を分析しています。

カーノー氏によると、それぞれの種によってペニスサイズが異なった背景には、オスがメスを妊娠させるにあたってのライバル同士の競争が関係しているとしています。たとえば、チンパンジーのペニスはゴリラと人間の中間くらいの大きさですが、睾丸に限っていえば人間よりもはるかに大きいサイズです。

チンパンジーのメスは不特定多数のオスと交尾します。オスはほかのオスよりも強い精子を多く作るほうが、生存には有利になります。そのためチンパンジーの睾丸が大きくなったと考えられます。

では、ゴリラはペニスも睾丸も小さいのはどうしてなのでしょう。ゴリラは小さなグループ単位で生活していて、1グループに1頭のオスがいます。いわゆるハーレム状態です。オスはグループ内の複数のメスと交尾をするので、子孫を残すためにほかのオスと競争する必要がありません。精子もそこまで多量に作らなくてよいので、ペニスと睾丸のサイズは大きくならなかったというわけです。

ヒトのペニスが大きくなったのは、二足歩行と関係しているとカーノー氏は主張しています。二足歩行をする場合、ペニスは体の正面に構えることになります。それにより、正面に対するメスに自らの性的な魅力をアピールすることができます。

人類のメスはチンパンジーのように不特定多数のオスと簡単に交尾できるわけではありません。オスはメスとセックスに至るまでにほかのオスとの競争に勝つ必要がありました。そこでオスがペニスの魅力をアピールしていく中で、ペニスのサイズが大きくなっていったということです。

一方で、カーノー氏は自然環境がペニスのサイズを大きくしたという説もあり得ると語っています。人類の祖先は非常に寒い環境、あるいは暑い環境の中を生き延びてきました。厳しい温度差を耐え抜くために、大きなペニスが体温調節の役割を果たしてきたという仮説です。

以上、長々と仮説を紹介してきましたが、私にいわせれば人類のペニスが大きいことにそれほど意味はありません。ペニスが大きくなったから、なにか特別なメリットを得たというのは考え過ぎです。なぜなら、ペニスが大きい人もいれば小さい人もいる中で、小さい人も普通に子孫を残しているからです。

ポルノ映画には、基本的に体格のよい俳優が出演しています。体が大きい男性には性的な魅力があるというイメージが定着しています。研究者自身がそのイメージに引きずられて、体格が大きい（あるいはペニスが大きい）＝性的な魅力があると思い込んでいるように感じられるのです。

セクシーな胸を手に入れた

ユニークなところでは、直立二足歩行になったことで性的なアピールができるようになったという説もあります。たとえば、『裸のサル』という著書がベストセラーとなったイギリスの動物学者、デズモンド・モリスは、人類のメスの胸が性的なアピールにつながったという説を提示しています。

モリスによると、四足歩行の動物はメスのお尻や性器が目の前にあるので、オスは常に興奮できます。これに対して、ヒトは直立二足歩行をしているので、女性器やお尻が目線に入りません。そこで、胸を膨らませ「第二のお尻」として性的アピールをするようになったというのです。

特に体毛がなくなったことで胸の膨らみが顕わになったので、男性をひきつける効果があったとする説もあります。

しかし、これは比較的胸が大きな女性が多いヨーロッパ人の発想ではないかと思います。東アジアの女性は欧米人に比べて胸の膨らみが目立たないので、胸で性的な刺激を与えたというのは疑わしく感じられます。


胸の膨らみについて、私には思い出す物語があります。司馬遼太郎の『国盗り物語』という作品です。戦国時代に天下統一を夢に見ながら、志半《なか》ばにして倒れた斎藤道三、その後に続いた織田信長、明智光秀の三武将を主人公に、国盗りに明け暮れた男たちの姿を描いた物語です。

この小説は1973年にNHKの大河ドラマで放映され、16歳の高校生だった私も視聴した記憶があります。原作を読んでいた私は、ドラマのあるシーンを見て「あれっ!?」と思いました。原作で、後に斎藤道三となる松波庄九郎は、自らの荷駄の金銀を奪おうとした有年備中守の館に押し入り、小宰相《こざいしょう》という側室と出くわします。庄九郎が小宰相をつかまえたときに取った行動は、次のように描写されています。「念のため手を股間にさし入れると、女であった」

つまり、男女の別を確かめるためにペニスのあるなしを確認しているわけです。ところがNHKの大河ドラマでは、このシーンをそのまま描くことがはばかられたのでしょう。私の記憶が正しければ、小宰相の胸に手を入れてまさぐるという演出に変えられていました。NHKの演出もひとつのやり方ではあるものの、性別を確認する方法としては原作の描写のほうが理にかなっています。というのも、東アジアの女性は胸の膨らみが小さいケースも多いので、胸を触る方法は不確実だと思われるからです。

前項でペニスが大きい男性もいれば小さい男性もいるといいましたが、これは女性の胸についても同じです。ヨーロッパの人でも胸が大きな人ばかりではありません。そう考えると、やはり性的な刺激を与えるために胸が膨らんだという考え方には賛成できません。

正常位でセックスするようになった

性的な話題が続くことをお許しください。この章の最後に、性交と直立二足歩行の関係を見ていきましょう。多くの動物が後背位で交尾をするのに対し、ヒトやボノボなど、ごく一部の生物だけが正常位で（対面による）性交をします。

四足歩行をしている生物が後背位で性交をするのは、ごく自然に思われます。四足歩行の場合、お腹側は常に地面を向いており、あえてお腹を空に向ける機会はほとんどありません。

日常生活と同じ姿勢で性交を行なえば、外敵から逃げやすいというメリットもあります。それを裏付けるように、ボノボはチンパンジーより直立二足歩行を得意としており、数十mの距離を二足歩行するときもあります。ヒトやボノボは直立二足歩行が得意だから正常位で性交をするようになったと考えることは可能です。

ボノボとチンパンジーの交尾の違いに着目すると、チンパンジーは交尾に至るまでのオス同士の競争が激しく、自分の子孫を残すためにオスが子殺しをすることもあります。また、メスの発情期が約36日周期であり、発情すると会陰部の皮膚が大きく膨らんでピンク色になり、1週間くらいの間に乱交的に1日6回くらいの交尾を行ないます。

一方、ボノボのメスの発情期は20日程度と長く、発情期以外にも受精以外の目的で交尾を行なうことがわかっています。さらに、オス同士、メス同士で性行為を行なったり、151ページでお話ししたペニスフェンシングを行なったりと、コミュニケーションに重きをおいた性生活を送っているように見えます。

実際、ボノボはディープキスやオーラルセックス、前戯を行なうことでもヒトと共通点を持っています。性行為を愛情表現やコミュニケーションの手段として認識しているようなのです。そういった考え方と関連して、互いに顔を合わせて見つめ合う行為が、愛情を確認する手段になっているとする説もあります。

ただし、例外的にゴリラなど一部の類人猿も正常位での性交を行なうことがわかっています。たとえばアメリカのジョージ・B・シャラーという研究者が、かつてマウンテンゴリラの性行為を観察した結果を記録しており、ゴリラも正常位で性交することがあると報告しています。

これはあくまで私の想像の範囲ですが、ゴリラは人類の性行為を見ていて、真似をした可能性もあると思います。

ちなみに、直立二足歩行とは別に、膣の構造上、ヒトとゴリラやチンパンジーでは角度が異なるため、ヒトは正常位がやりやすくゴリラやチンパンジーは後背位がやりやすいという説もあります。

第4章

私たちに今も残る、できそこないの痕跡

——がらくたDNAも遺伝する

DNAの傷が引き起こす突然変異から生じる退化

この章では、人類が進化の過程でかつて持っていたものの現在では失った機能やその痕跡などを取り上げ、人類がこれまで歩んできた進化の試行錯誤について考えてみたいと思います。

生物の世界では、持っている特徴が生存に有利に働き過ぎて、逆に退化するという、ユニークな現象が見られることがあります。

たとえば、ハンセン病の病原菌である「らい菌」という細菌があります。らい菌は結核の原因である結核菌の近縁種なのですが、結核菌では働きがある遺伝子が、らい菌では機能していないことがわかっています。ゲノム中に遺伝子が占める割合を見ると、結核菌では約90％であるのに対してらい菌は50％程度しかありません。

残りの遺伝子は偽遺伝子化したといわれる状態となっています。偽遺伝子とはDNAの配列があってもタンパク質を作ることができない遺伝子を意味し、いわば「死んでいる遺伝子」です。

らい菌の遺伝子が偽遺伝子化した理由は、ひと言でいえば「人間と上手に付き合ったから」です。らい菌は増殖速度が遅く、潜伏期間が約5年と長期にわたり、なかには20年もかかって症状が進行する場合もあります。

人体に長く寄生している限り、人間が持つさまざまな代謝物を利用することができ、自力でなにかを作り出す必要がなくなります。人間を殺さないでだらだらと生きているので、遺伝子が壊れても特に不都合はありません。そうなると、遺伝子はどんどん壊れていきます。その状態が長く続いた結果、偽遺伝子化が進んだというわけです。

一方、結核は今でも日本で年に1万5000人以上の患者が発生しており、そのうち約2000人もの人が命を落としています。そこにハンセン病と結核の違いがあります。

偽遺伝子化は突然変異によってもたらされる、一種の退化と呼ぶべき状態です。

突然変異は、基本的にはDNAに生じる分子レベルの傷を意味します。これは強力な宇宙線によって引き起こされることもありますし、1個の細胞が2個の細胞に分かれるときにも起こりやすいとされています。後者は、細胞分裂に必要なDNAが倍に増える「DN

A複製」と呼ばれる過程が存在し、そこでは複製エラーが起きやすいようです。

もし仮に突然変異が起きたとしても、突然変異を起こした個体が子孫を残さなければその特徴は一代限りで受け継がれずに終わります。私には娘がふたりいますが、仮に彼女たちが子どもを産まなければ、私と妻から受け継いだDNAはそこで途絶えます。それと同じことです。そう考えると、突然変異から種全体の変化が定着するまでには数々の偶然が働いていることがわかるでしょう。


このような偶然を経て、人体に起こった退化の一例に挙げられるのが、虫垂《ちゅうすい》です。虫垂は大腸のはじまりの部分である盲腸から突出した腸管の一部であり、しばしば炎症（虫垂炎）を起こし、腹痛、発熱、嘔吐、下痢などの症状を起こします。ヒトの虫垂はほかの哺乳類のものより小さく、もともとは大きかったものが退化したとされています。そして長らく「進化の過程で機能が失われたムダなもの」と考えられてきました。退化器官であるがゆえに、特にあってもなくてもよい存在であるとみなされ、外科医が開腹手術のついでに虫垂を切除するケースもあったようです。

ただ、最近ではこの虫垂にも重要な働きがあるとする説が唱えられるようになってきました。虫垂には善玉の腸内細菌が常在していて、腸内細菌のバランスを保つ役割を果たしているのではないかといわれるようになったのです。

実際に、大阪大学の研究チームがマウスの虫垂を切除した結果、大腸の腸内細菌叢のバランスが崩れることがわかりました。また、虫垂が腸内細菌叢を維持し腸管免疫で重要な働きを担うＩｇＡという抗体を産生していることもわかっています。

しかし、虫垂を切除したことで潰瘍性大腸炎が改善した事例が報告されているなど、むしろ虫垂で悪玉の細菌が産生されるとする説もあります。現時点では、虫垂の働きについて明確な結論は出ていません。

「がらくたDNA」も子に遺伝する

ここまでゲノムという言葉を当たり前に使ってきましたが、ここで改めて詳しくお話ししておくことにします。

ゲノムは遺伝子（gene）と染色体（chromosome）を合わせて作られた言葉であり、生物が持ち、その生物が子孫に伝えるＤＮＡのすべての遺伝情報のことです。

私たちの生命は、母親の卵に父親の精子が飛びこんで受精するところからはじまります。このとき卵にある22本の常染色体とX染色体が、精子の22本の常染色体と1本の性染色体（X染色体あるいはY染色体）と合わさります。

第1染色体から第22染色体は、母親と父親から同じセットが伝えられます。男性はX染色体とY染色体が1本ずつ、女性はX染色体が2本あるので、男児の場合Y染色体が父親から、X染色体が母親から伝えられます。そして女児の2本のX染色体は父親と母親から1本ずつ伝えられます。

これにより46本の染色体からなる受精卵ができあがります。この単一の細胞が分裂を繰り返すことで、人間という生物が形成されていくという仕組みです。

卵と精子に入っていた23本の染色体は「ヒトゲノム」と呼ばれています。この23本の染色体のひとつのセットに、ヒトの体を作るために必要な情報がすべて含まれているというわけです。

ヒトゲノムのDNAの文字列（塩基）は、4種類の塩基の頭文字の4文字（A、C、G、T）で表わすと、およそ32億文字列（塩基対）にもなります。

ヒトの染色体

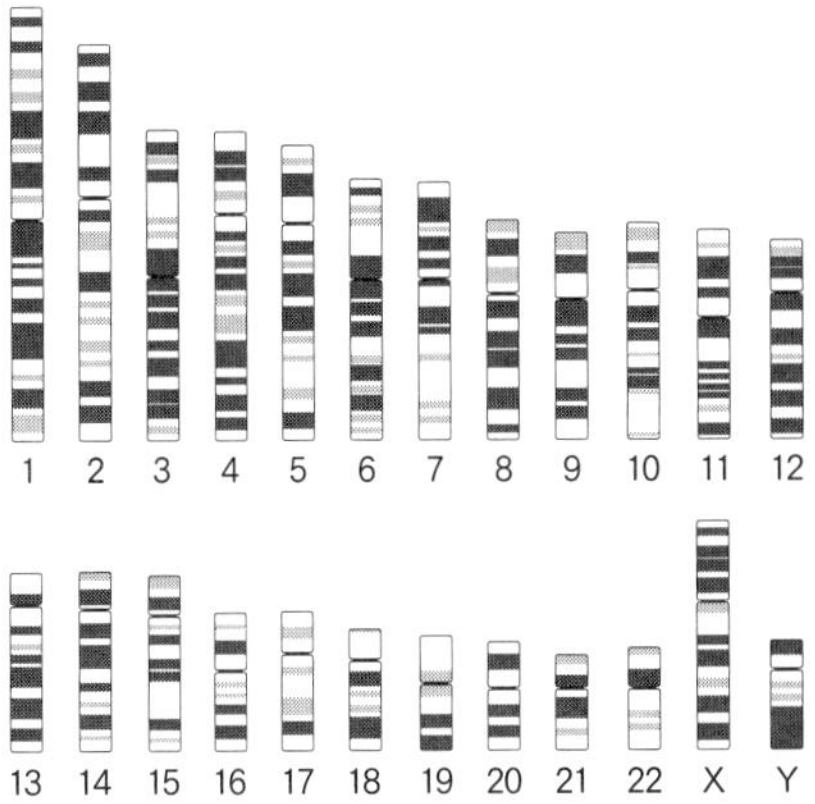

出典：Saitou N. (2018) Introduction to Evolutionary Genomics Second Edition. Springer

ゲノムの中には、もともとは遺伝子として機能していたのに、なんらかの原因でタンパク質を作る機能を失ってしまった偽遺伝子が残骸として残っています。タンパク質のアミノ酸配列情報にはかかわらないイントロン部分もあります。このためこれらのDNAを「がらくたDNA」(junk DNA)と呼ぶことがあります。

偽遺伝子は機能を失っているので死んでいるも同然なのですが、DNAそのものは機能しているか否かにかかわらず、まとめて親から子へと伝わっていきます。

よくゲノムは「生命の設計図」という言葉で表現されることがあります。厳密にいうと、それは半分正しくて半分間違った言い方です。

というのも、設計図はそもそも人間が家や機械などを作るために描くものであり、本来わざわざ機能しないものを設計図に書きこむという発想がないからです。

私の研究室で行なった研究も含めて、近年の研究ではがらくたDNAの一部には有用な働きをするものがあるとする結果が得られるようになっています。いずれにせよ、進化といってもよい形式や機能だけが受け継がれるわけではないことを知る必要があります。

私たちが猿だったあかし「ダーウィン結節」

読者の皆さんは『スター・トレック』をご存じでしょうか。『スター・トレック』はアメリカのSFテレビシリーズで、映画化もされているほか、今でも新シリーズが制作されている人気番組です。この作品の日本語版（宇宙大作戦）が初放送された1969年当時、私は中学1年生でした。テレビで楽しみに視聴していたのを記憶しています。

『スター・トレック』の登場人物で副艦長のミスター・スポックは、バルカン星人という異星人と地球人の両親のあいだに生まれた人物であり、真っ直ぐ切り揃えられた前髪、角度のある眉毛、先の尖った耳が特徴的な人気キャラクターです。このミスター・スポック

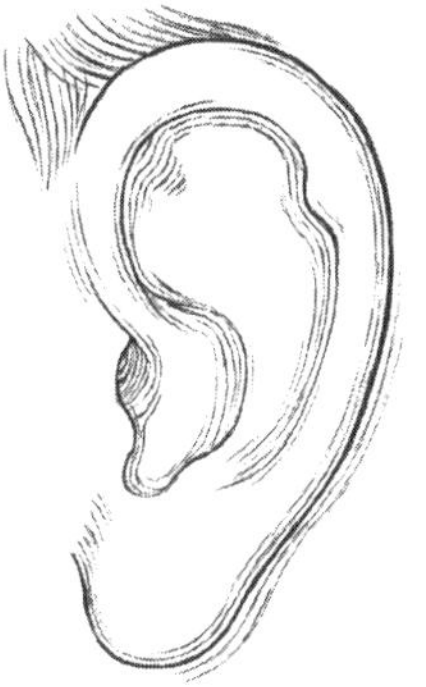

ダーウィン結節

に私が親しみを抱くのは、私も尖った耳の持ち主だからです。

尖った耳が内側に折れ曲がって生じた小さな突起は「ダーウィン結節」（上図参照）と呼ばれています。ダーウィン結節は耳《じ》介《かい》結節《けっせつ》ともいい、4人にひとりくらいの割合で持っているとされています。

私の耳はミスター・スポックのように耳介の外側へ向けて小さな突起がついています。突起といっても、ほんの少しなのですが、触るとはっきりと突起を認識することができます。ちなみに突起があるのは右耳だけで、左のほうは丸くなっています。

ダーウィン結節は、名称からわかる通りダーウィンにちなんで名づけられたものです。ダーウィンは『人間の由来および性に関係した淘汰』という本の中でこの形態について触れ、イラストを掲載しています。

ただし、ダーウィン自身が「ダーウィン結節」と命名したわけではなく、本文中では「突起」と書いているだけです。実は、この突起のイラストを描いた彫刻家のウルナーという人物が、シェイクスピア作品『真夏の夜の夢』に登場する妖精パックの像を制作していたとき、人間の耳に突起があることに気づき、ダーウィンに教えたようです。

この突起は多くのサルにも見られるものであり、人類がほかの霊長類と同じルーツを持っていることを示す証拠であるといわれています。

サルの場合は私と同じように耳の外側が尖っているのに対して、人間の場合はたいてい内側に向けて突起がついています。これは外側に尖っていた部分が内側に巻き込まれた状態であるとされます。ダーウィン結節は、退化の一種ととらえる説が有力です。

私たちの足の指は短くなった

人類は進化の過程で足が大きくなりましたが、足の指は短くなり退化しました。チンパンジーやゴリラは、足の指も手の指のように自由に動かすことができるのに対して、ヒトは足指を自由に動かすことはできません。

実は私は、チンパンジーやゴリラにはおよばないまでも、自分の足の指を動かして開いたり閉じたりすることができます。子どもの頃は自室で机に向かって勉強していて、うっかり鉛筆を落としてしまったときなどに、足指を使って拾い上げることがよくありました。ためしに、今も遊び半分でチャレンジしてみたのですが、やはり鉛筆を拾い上げることができました。私のまわりの人に聞いてみたところ、足指をうまく動かせない人が大半でした。

おそらく最初は突然変異で足指が短くなり、短くても特に不都合はなく、むしろ大地を踏みしめるのに好都合だったので、しだいに短い足指が人類全体に広がっていったのでしょう。

もちろん、研究者の中には直立二足歩行で地上を速く走ることが生存上有利であったから、足指が短くなったり、土踏まずが作られたりしたと考える人はいます。

現代でも、子どもたちを見ていると駆けっこが速い子は一目置かれますし、鈍足な子がバカにされたりする実情はあります。その延長線上で、足が遅い男性は女性からバカにされて相手にされず、子どもが生まれないため、走りやすいように足の形が進化していったといった主張も見られます。私には受け入れにくい考え方ですが、現時点では全否定することはできません。

今後に目を向けると、人間の足はさらに退化していき、100万年後、200万年後には指の数が減っていく可能性はあります。

ちなみに私はかつてあるテレビ番組で、アフリカのジンバブエの秘境に暮らすヴァドマ族のうち、約25%が生まれつき欠指症であるという情報を目にしたことがあります。彼らの欠指症は、ほとんどの場合、足の指が親指と小指しかなく、あいだの3本の指が欠損した状態であるといいます。しかも親指と小指が内側へと曲がっていて、ロブスターのハサミのようになるのが特徴的です。

しかし、足指が2本しかないからといって生活に支障はなく、むしろ木登りがしやすいメリットがあるといいます。そのことから、彼らは環境に応じて足指を独自に進化させたと主張する研究者もいます。

私は人類の足指が少なくなっていくとしたら、まず一番小さい小指から退化するのではないかと予想しています。あるいは薬指や中指が退化してもおかしくはありません。

手の指は1本欠けると日常生活において苦労が大きそうですが、足指の場合は5本なくてもそれほど問題があるようには思えません。いずれにしても、現在の人類の足指は退化の途中であると思います。退化しているけれど、「まだ5本の指が残っている状態」といってよいかもしれません。

歯に残る哺乳類の印

ここでは「歯」を切り口に人類進化の試行錯誤について考えていきたいと思います。ワニが口を開けたときの写真を見ると、同じような尖った形状の歯が並んでいることに気づきます。これは学術用語でhomodonty（同形歯性）と呼ばれます。

これに対してヒトの歯は、遺伝子の働きによって形がいくつかのグループに分かれています。具体的には「切歯」「犬歯」「小臼歯」「大臼歯」に大きく分類できます。

切歯は俗に「門歯」とも呼ばれる正面の歯であり、食べ物を大きくカットしたり、発音したりする際に欠かせない役割を果たしたりしています。犬歯は「糸切り歯」とも呼ばれる尖った歯であり、食べ物を引き裂くときに使われます。そして小臼歯は食べ物を細かく砕いたり嚙み合わせを安定させたりする役割を持ち、大臼歯はいわゆる「奥歯」であり強く嚙む力を発揮します。

一般の人も歯の形の違いによってなんとなく「前歯」と「糸切り歯」「奥歯」などの違いを区別できると思います。このように複数のタイプの歯を持ち、使い分けをするのは哺乳類ならではの特徴といえます。

さらに霊長類の歯に着目すると、ヒト以外の霊長類のオスの犬歯は外へ大きく突出していますが、ヒトの犬歯(糸切り歯)は縮小していて、ほかの歯と同じくらいの高さにとどまっています。

これは、ヒトとチンパンジーの共通祖先が生きていた時代から、犬歯が退化してきたことを示しています。糸切り歯は虫垂と同じような退化器官なのです。

ほかの霊長類が大きな犬歯を維持してきた理由はさまざまに語られます。たとえば、大きい犬歯がメスに対するオスの性的アピールにつながっているとする説があります。犬歯の大きなオスがメスにとって魅力的に見えるということです。

ヒトの場合は、チンパンジーやゴリラと比較すると性差が小さいといわれています。身長や体型などには性差が見られやすいですが、犬歯に男女差はありません。特に男女差がなくても生存に不都合はなかったということかもしれません。

もうひとつの理由として、火を使って調理するようになった結果、ヒトの咀嚼力が弱くなってきたことが挙げられます。

チンパンジーの口元を写真などで見ると、牙のような大きな犬歯を備えていることに気づきます。対して、ヒトの犬歯はほかの歯と同じくらいの小ささに退化しています。石器を使ってクルミなどを割ったり、火を使って調理したりすることで硬いものを食べやすくなったことによる退化と考えられるわけです。

顎の退化と引き換えに、大きな脳を手に入れた

ゴリラやチンパンジーは、頬骨と下顎の骨をつなぎ、食べ物を咀嚼するときに使われる咬筋《こうきん》が非常に発達しています。逆にいえば、筋肉に締めつけられているせいで頭蓋骨が大きくなりません。ところが人類の祖先は、道具や火を使い調理ができるようになったことで、顎が小さくても生きていけるようになりました。

人間の筋肉の中には「ミオシン」というタンパク質が含まれているのですが、そのうちMHC16という遺伝子が死んでいることがわかっています。DNAの配列としては残っているものの、働きがなくなって偽遺伝子となっているということです。

ゴリラやチンパンジーが持っている遺伝子が死んだことで、人類は筋肉を作る重要な成分を失ってしまいました。普通に考えれば生存上は不利なのですが、すでに石器や火などの道具を使って食べ物を食べる手段を確保していたので、咀嚼する力がなくても生き延びることができました。

その結果、人類の顎は小さくなり、筋肉の締めつけがなくなったことによって頭蓋骨が大きくなり、頭蓋骨の大型化に伴って脳の容量がどんどん大きくなっていったというわけです。


人類は咀嚼力が弱くなったことで犬歯などが退化しただけでなく、顎が小さくなり、親知らずが4本生えないことも多くなっています。これはここ数百年の傾向といえますが、特に最近は顕著になっているようです。私の世代(私自身、4本の親知らずが生えています)と私の子ども世代に限っても、食生活が変化してきたことによって大きく変化しているように思います。

歯学博士の井上直彦氏によると、現代人は顎の退化が急速に進行しており、そのせいで歯並びや歯の機能に異常が生じているといいます。顎が退化すると、小さい顎に対して本来並ぶべき歯が並びきれないという問題が生じます。結果として、「叢生《そうせい》」と呼ばれる、歯が部分的に重なってしまう症状が引き起こされます。また、顎の退化は若年性顎関節症や、食べ物を「噛めない」「飲みこめない」といった問題の原因ともなります。

さらに現代では食品の加工技術が向上し、物流も進歩したことで、ますます私たちはやわらかいさまざまな食べ物を口にするようになりました。一部の豊かな国では飽食の時代を迎え、選択的に好みの食べ物だけを食べて生きていける状況が到来しています。

こういった諸々の要素が人類の咀嚼機能を驚くべきスピードで劣化させているのは間違いありません。現代人の食事は、弥生時代と比較して6分の1程度の咀嚼回数で済んでいるというデータもあります。今後、さらなる顎の退化が人類にどのような影響をもたらすのか、私たちは注意深く見守る必要があります。

第5章

人類の進化に「完成形」は存在しない

——私たちはどこへ向かうのか

巨大な脳は偶然の産物

本書では、これまで中立進化の立場から、人類がいわば「できそこない」であり、進化が偶然の産物であること、人類が地球上でもっとも優れた生物であるどころか負け犬であることについて、さまざまな観点からお伝えしてきました。

最終章となるこの章では、これまでの主張を総括しつつ、たまたま人類が現在の姿になっていることのおもしろさについて語っていきたいと思います。

まず、人類の進化で特徴的なものとして挙げられるのが、脳容量の大型化です。脳が化石としてそのまま残ることはないので、研究者は頭蓋骨の化石のサイズからおおよその脳容量を測定しています。

人類とチンパンジーの共通の祖先は、現在のチンパンジーと同じように、もともとは300㎖くらいの小さな脳を持っていました。前述したように、初期猿人であるサヘラントロプスの脳の容量は約350㎖で、ホモ・エレクトス（原人）になると900㎖程度にまで大きくなっています。

そして旧人になると1100〜1400mℓくらいまで大型化し、現代人の脳容量の平均値は1450mℓあります。つまり、初期猿人の段階と比較して4倍近く大きくなっていることがわかります。


脳が大型化した理由もいろいろ唱えられていますが、基本的に進化は突然変異で起きるものなので、人類の脳が大きくなったのも突然変異が理由であるはずです。

何らかの突然変異によって脳の細胞分裂が起き、300から600mℓ、600から1200mℓという具合に、倍々に増えていったと思われます。

もちろん、一口に「脳」といってもさまざまな部位があるので、脳全体が一律に大きくなったとは考えにくいですが、少なくとも細胞分裂をコントロールする突然変異が必要だったはずです。

そうやって人類はたまたま大きな脳を獲得し、石器や火などの道具を使いこなすようになり、チンパンジーと生態が大きくかけ離れていったと考えています。

たまたま脳が大きくなったことで言語や道具を使えるようになった。そう考えると、現在の私たちの文化的な生活も偶然獲得されたものだという実感がわいてくると思います。

ホヤと人類は似たもの同士

読者の皆さんの中には、居酒屋やお寿司屋さんなどでホヤを口にした経験のある人もいると思います。日本には百数十種類のホヤが生息しており、「マボヤ」と「アカホヤ（エゾボヤ）」の2種類が食用にされます。

このホヤが実は人類に近い生物であるといったら、どう思うでしょうか。

まず、ホヤは「ホヤ貝」などと呼ばれることもあり、一般的に貝の一種であると思われがちですが、実は貝ではなく、魚というわけでもありません。「原索動物《げんさく》」と呼ばれる動物群に分類されます。原索動物は、さらに「尾索類《びさくるい》」であるホヤと、「頭索類《とうさくるい》」であるナメクジウオの2種類に分類されます。

幼生期のホヤはオタマジャクシのような形をしていて、尾部に脊索《せきさく》を持ち、自由に泳ぎます。脊索とは動物の背部にある軟骨のような支持器官を指し、ナメクジウオでは終生見られますが、ホヤの場合は成長につれて消滅します。

ヒトを含めた脊椎動物も、胚または幼生の時期に脊索が現われ、成長とともに退化して脊椎骨に置き換えられます。ホヤは脊索を持ち、神経が管状であることなどから、生物の分類上は脊椎動物に非常に近い仲間とされています。ホヤやナメクジウオなどの仲間から脊椎動物が進化した、つまり人類の祖先はナメクジウオのような姿をしていたわけです。

さて、ホヤは成体になると、海岸の石、岩場、貝殻の表面、養殖いかだなどに付着します。入水口と出水口を持ち、海水を取りこんでプランクトンを食べ、排出することで生命を維持しています。これが私たちの口にしている状態のホヤです。

ホヤの体は被嚢《ひのう》と呼ばれる丈夫な袋で覆われています。ホヤは動物の中で唯一、植物繊維のセルロースを作ることができ、これが被嚢に相当します。ちなみにホヤの学名の Ascidiacea は「酒を入れる革袋（ギリシャ語で askos）」に由来しています。ホヤは、このセルロースを作る能力をホヤと共生していたバクテリアから遺伝子を取り込んで得たことが、ゲノム解読によってわかっています。

ホヤが幼生期に脊索を持ち、成長につれて消滅するというのは、私たち脊椎動物と似ています。ただ、そこから脊椎動物に脊椎が形成されるのに対して、ホヤは植物のような状態へと変化していきます。

私たちの価値観では、背骨ができたり目がついたり耳がついたりしたほうがそれらのない状態から改良されたと考えがちであり、ホヤから離れて今日あるような形状に進化してよかったと思うかもしれません。

しかし、ホヤの仲間は世界中に2300種類もいるとされています。それなりに繁栄している種であるといえます。人間のようになれずに残念だったといわれても、ホヤにしてみれば余計なお世話でしょう。

言葉を話すのは人類だけ？

「言語を使う」というのは人類の大きな特徴のひとつです。これまでゴリラやボノボ、チンパンジーに言語を習得させる試みは何度も行なわれてきましたが、いずれも失敗しています。単語レベルの認識まではできるのですが、「AとB」といった単純な文法構造も理解することはできませんでした。言葉の意味を認識することと、文法を理解することのあいだには大きなハードルがあることがわかります。

原始的な言語は、おそらく歌のようなものだったと思われます。私は以前、東京大学の岡ノ谷一夫氏と対談を行なった経験があります。岡ノ谷氏は鳥を調査することで言語誕生のプロセスを研究されている方です。

鳥は意味のある言葉を発しませんが、個性ある節回しで歌うようにさえずることがあります。岡ノ谷氏によれば、あの節回しのパターンは一種の「文法」なのだといいます。鳥の場合は文法といっても体系だった法則があるわけではなく、複雑なメッセージを伝えるものではありません。ただ、オスの鳥が鳴くと、メスがひきつけられることはあります。ヒトの言語も最初はあのような歌に近かったと考えられます。

私が子どもだった頃、父親はお酒を飲むと上機嫌になり、「プルルルルル……」とか「トゥルトゥルベロベロ」といった発音をして楽しませてくれることがありました。私自身も、父親にならって娘たちに同じようなことをしたものです。こんなふうに、単純に口から出る音を楽しんでいたのが言語のはじまりだったように思います。

今でも、アフリカのカラハリ砂漠に住んでいる狩猟採集民族・サン人は吸着音（クリック）が多く使われるサン語という言葉を話しています。私はクリックが原始的な言葉のイメージに近いのではないかと考えています。

もっとも、声を出すとクマやトラなどの捕食者に気づかれるリスクが高まるという問題があります。そのため、研究者の中には言語の出発点は「手話」であったとする意見も提示されています。実際に現代人も聴覚障害を持つ方が手話を活用していますし、手話は声を出さないので外敵に見つかるリスクを抑えることができます。

しかし、この主張を私は疑問に感じています。少なくとも外敵の脅威に対しては、住居を作ったり石器などで武装したりすることでクリアできたと思うからです。言語を使うようになったのは生存に有利だったからではなく、まったくの偶然であり、声を出しても出さなくても生き延びることができる環境にあったことで、言語の能力が普及したというのが、中立進化を前提とした私の見方です。

最初は歌のようなもので、求愛のために使われていた言語が、どのような過程で複雑な意味を伝達するものとして変化していったのか。これについて私は大胆な仮説を持っています。それはある種の「天才」が登場した可能性です。

そもそも歌のような言語を発声していた古代人にも、ある程度の知能はありました。太陽や大地、木や川や海について認識はしていたはずです。犬だって太陽や水を認識しているでしょうから当然です。

ただ、そんな古代人の中に、太陽や川などに特定の発音を結びつけた天才が出現したと思うのです。天才が認識しているものに特定の音を与え、意味をやりとりするきっかけを作り、その画期的な発明が人類全体へと広がっていったのではないかと想像するのです。

「インド・ヨーロッパ語族」と呼ばれる言語グループがあります。英語、ドイツ語、スペイン語、フランス語、イタリア語、ロシア語、ギリシャ語、ヒンディー語、など今日広く使われる言語が含まれ、世界の人の半数近くがこのグループの言語を話しています。

インド・ヨーロッパ語族は約8000年前に黒海の北沿岸あたりから広がったとする説があります。そして初期の時点で文法体系が確立されていたといいます。

初期のインド・ヨーロッパ語族の文法はかなり複雑だったようです。現在の英語には男性名詞・女性名詞の区別はありませんが、フランス語やスペイン語を習得する際には男性名詞と女性名詞の区別を理解する必要があります。私は大学でドイツ語を履修したのですが、ドイツ語では中性名詞も覚えなければなりませんでした。

つまり、インド・ヨーロッパ語族は、もともと複雑だった文法体系が時代とともに退化したということです。では、初期の複雑な文法体系はどのように確立されたのでしょうか。当時の人たちが話し合ってルールを設定した可能性も否定はできませんが、私はやはり特定の天才が突然文法というルールを創造したと考えています。

人類学の研究者には、人類の言語が2万年前に使われるようになったと考える人もいますが、これは時代が新し過ぎるのではないかと思います。私は10万年前にアフリカからユーラシアへと進出した新人は当然言語を使っていたと考えますし、それ以前の旧人であるネアンデルタール人にも言語があったと推測しています。

ネアンデルタール人は石器を用いて狩りをしていましたし、毛皮などの衣服を着用していたともされます。言語を使って技術を伝承していたと考えても不思議ではありません。それどころか、私はもっと昔から言語はあったと思っています。もちろん今の言語とまったく違う原始的なものだったのでしょうが、言語の誕生は100万年以上前までさかのぼることができると考えているのです。

いずれにせよ、人類は言語を獲得したことで文化を継承するようになりました。もちろんチンパンジーもゴリラもそれぞれの文化を持ち、親から子へと伝承していますが、言語を使う人類が圧倒的な情報量を伝承しているのは間違いありません。

やがて人類は文明を築くに至ります。私は人類が「自分たちには歴史がある」という意識に目覚めたときから文明がはじまったと定義しています（詳しくは拙著『歴誌主義宣言』参照）。そして、歴史を記録するために言語を文字で書き記すようになったと考えているのです。

魚類は私たちとそっくりな脳神経系を持っている

私たちの仲間である脊椎動物は、約5億3000万年前に誕生したとされます。ミロクンミンギアという生物で、大きさは2～3cmと小さかったのですが、目やエラ、消化管などを備えていました。

脊椎動物の脳はどの生物でも基本構造は同じであり、「脳幹」「小脳」「大脳」から形成されています。つまり、解剖学的には古代の魚も人類もそう変わらないということです。当然ながら魚類と人類では脳の大きさがまったく異なりますが、人類につながる脳を持っていたということは、すでにそこそこ賢かったと考えられます。魚類の段階で原始的な自意識は多少あったと思います。

実際に、魚は繁殖にあたって複雑な行動をすることがわかっています。オスの魚がメスの魚を誘うときのパターンがあり、繁殖行動を行なうためになんらかの意思疎通をしているらしいのです。鳥の歌声や人類の言語が求愛の歌からはじまったと前述したように、やはりコミュニケーションの基本は求愛にあるのでしょう。

とはいえ、解剖学的に同じような脳を持つ脊椎動物の中で、言語能力を持つのは今のところ人類だけです。もちろん、音声言語以外の手段でコミュニケーションを取っている動物は存在します。たとえば、チンパンジーやゴリラの中には手話のような動きでコミュニケーションを取る個体もいます。動物園のゴリラには手話をしたり人間が発するかなりの数の単語を記憶したりする個体がいると報告されています。

また、イルカは人間には聞こえないような超音波を使ってお互いにコミュニケーションを取っています。水族館などで飼育されているイルカは飼育員の身振り手振りを理解しています。さらに研究者の中には動物にも文法を理解する能力があるという主張をする人もいます。チンパンジーに関しては人類のような音声言語を使わないまでも、文法を理解する力は持っているとする説があります。また、カラスなどの鳥類の鳴き声には複雑なパターンがあり、これも一種の文法であるとする考え方もあります。将来的に未知の生物が見つかり、文法や単語の意味を理解していることが判明する可能性も否定できないところです。

そして、言語の習得には親から子、子から孫へと言語を伝える文化（カルチャー）が成立していることが欠かせませんが、こういった学習の文化はサルやチンパンジーにも見られます。たとえば、宮崎県の幸島《こうじま》という無人島は、文化を持ったサル（ニホンザル）が暮らす島として知られています。この島のサルたちが有名なのは、サツマイモについた土を落とすために、海水でイモを洗うという行動を取っているからです。

イモを洗う行動が見られるようになったのは、1953年頃とされます。最初は1匹の子ザルがイモについた土を落とすために、川で洗うことをはじめたのがきっかけでした。

それを見ていた親ザルの世代が真似をしてイモを洗うようになり、その文化が子ザルから次の世代へと受け継がれるようになったというわけです。親から子への世代を超えた学習自体は、ニホンザルやチンパンジーに限らず、たくさんの動物で知られています。

前述したカラスなども親が子に鳴き声でコミュニケーションを取ることを教えていると いう意味では、文化を継承しています。そんな中、どうして人間だけが文法を理解した上で意味のある言葉を発することができているのか、理由はまだ解明されていません。私は偶然によるところが大きいのではないかと考えています。

確実にいえるのは、人類とそのほかの生物のコミュニケーションは量的な違いがあるということです。人類は言語によって膨大な情報を伝え合っています。子どもに文化を伝えるだけでなく、大人同士でも言語で情報をやりとりしています。さらに、数千年前からは文字を発明し、記録する能力を獲得した結果、爆発的に学習能力が増加しました。

「言語遺伝子」は本当か

研究者の中には、言語能力は「FOXP2（forkhead box P2）遺伝子」というひとつの遺伝子の働きによると主張する人がいます。この遺伝子と言語能力の関係を最初に報告したのは、言語機能や口腔運動機能障害の遺伝病家系を調べたオックスフォード大学のサイモン・フィッシャーらの研究グループです。彼らは、言語障害の原因はFOXP2遺伝子が壊れたことにあると突きとめたのです。

ヒトとチンパンジーの共通祖先からヒトにいたるあいだには、FOXP2遺伝子に2箇所のアミノ酸置換があります（次ページの系統樹で、★はアミノ酸変化を意味します）。そこからFOXP2遺伝子に生じた変異により、人類は言語を使うことができるようになったと主張する研究者が出てきました。

その後の研究では、ネアンデルタール人もFOXP2遺伝子の同じアミノ酸変化を持っていることが判明しました。ネアンデルタール人と現生人類の混血の結果であるなど、さまざまな議論があります。

私自身はFOXP2遺伝子単独の影響で突然言語を使えるようになったという主張には疑問を抱いています。言語を使用するにあたっては、声帯や舌、唇の動きなど実にさまざまな要素が必要となります。私たちの言語能力には、たくさんの遺伝子がかかわっているはずです。

たくさんの遺伝子の突然変異が蓄積するには、長い時間が必要となります。前述したよ

FOXP2遺伝子の進化系統樹

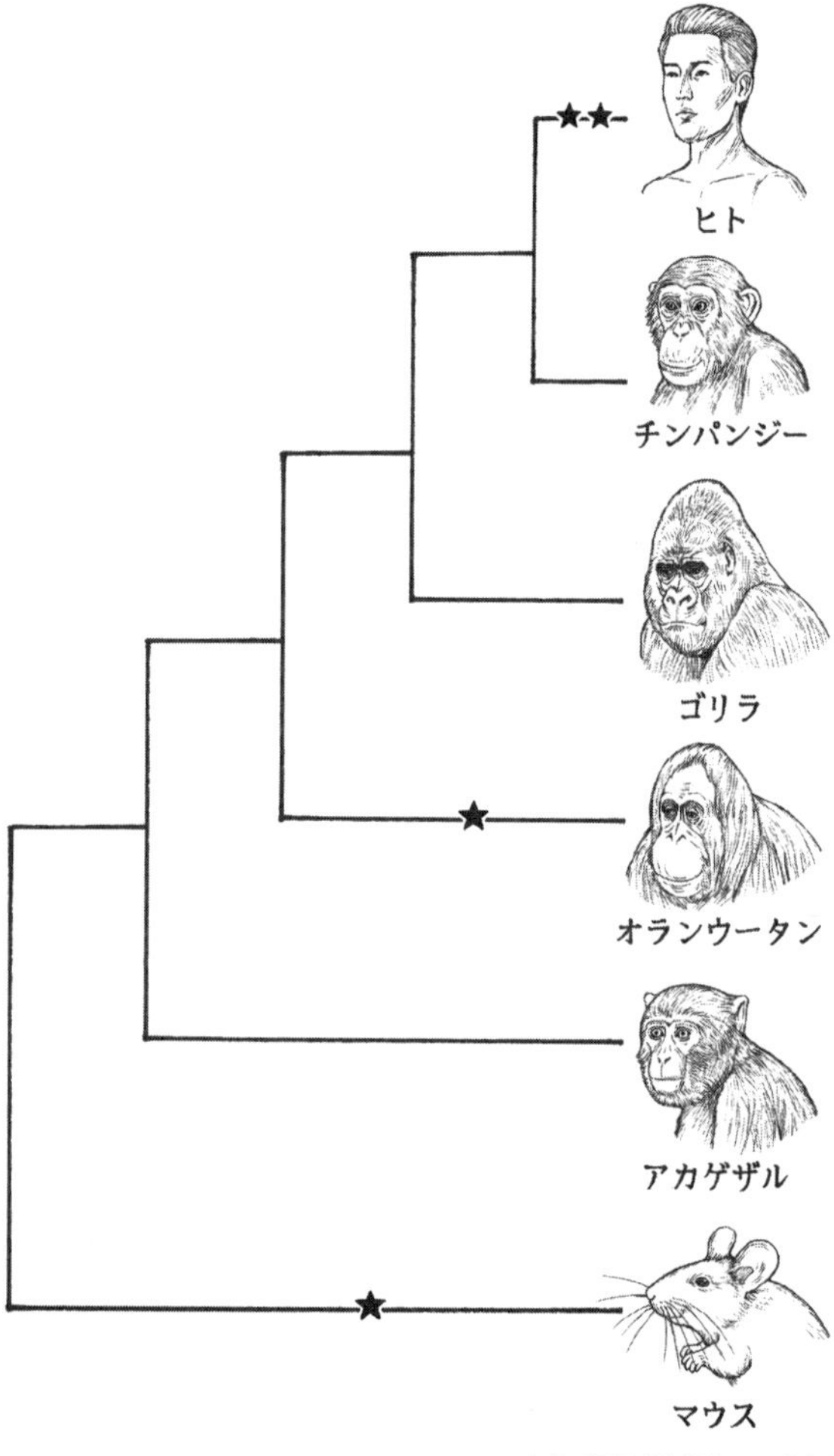

出典：斎藤成也『ゲノムと進化』

うに、ヒトとチンパンジーのゲノムには3000万の文字に違いがあります。3000万のうち100が蓄積するだけでも相当な時間がかかります。1個の遺伝子の変異だけでは説明がつかないように思えます。

FOXP2遺伝子は言語を司る遺伝子として注目を集めてきましたが、近年の研究では、のどの形態変化なども含めた発声に関するさまざまな面を調整しているという説が唱えられています。実験でマウスの間葉(胚の中で骨などに変化する組織)系前駆細胞のみでFOXP2を消去したところ、頭頂間骨での骨の生成や、後頭骨・頭頂骨の癒合が阻害されたのです。

また、FOXP2の欠損したマウスは大腿骨が短くなり膝や半月板が不安定になりました。FOXP2は間接軟骨や椎間板の維持にかかわったり、骨を強化したりする役割を担ったりしていると考えられています。さらに、FOXP2は直立二足歩行に関係する骨にもかかわっているとされており、FOXP2という遺伝子の影響は見直されています。

これまでは、FOXP2の変異が神経に影響をおよぼし言語障害を引き起こすとされてきましたが、むしろ変異による解剖学的変化が言語障害につながっている可能性もあります。いずれにしても、人類の言語能力獲得についてはまだ不明な要素がたくさんあるといえます。

喜怒哀楽は人類だけのものじゃない

音声言語以外のコミュニケーションとしては、ヒト以外の霊長類もヒトと同じように喜怒哀楽の表現を示すことがわかっています。

私たちは他人の顔の表情を見ることで、相手が怒っているのか喜んでいるのかなどを判断していますが、チンパンジーにも「笑う」「怒る」といった表情の変化が見られます。チンパンジーはくすぐり遊びなどをして、笑い声を上げることもありますし、死産した母親チンパンジーに対して仲間が慰めるなど、悲しみの感情を示すこともあります。

ただ、それは霊長類が近しい存在であるために、私たちがチンパンジーの感情に気づきやすいだけなのかもしれません。

私たちが霊長類以外のライオンやトラやゾウなどを見て、彼らの感情を読み解くのは困

海面の上を飛ぶトビウオ

難です。だからといって感情がないと決めつけることはできません。彼らなりの喜怒哀楽を持っている可能性は十分にあります。

私は魚にも喜怒哀楽の感情を示す能力があると思っています。たとえば、魚の中にトビウオという種があり、海面を飛行することで知られています。トビウオは時速50kmを超えるスピードで泳ぐことができ、１回の飛行で平均80ｍほどの距離を飛びます。長いときには滞空時間42秒、４００ｍ近く飛ぶ能力を持っています。

トビウオが飛ぶ理由は、マグロやサバなどの外敵から逃れるためともいわれていますが、滑空する間に鳥につかまってしまう場合もあります。

私は、あのトビウオの滑空は遊びの一種ではないかと想像しています。ほかの魚の仲間は飛ぶことができないのに、唯一彼らだけが空を飛べるのですから、そこには喜びの感情があるのではないでしょうか。

将来的には、トビウオに機器を装着し、飛んでいる瞬間に人間が喜ぶときと同じニューロンのパターンが見つかり、私の説が実証されるときがくるかもしれません。

太った人は長生きする？

次は生存と体形の関係について見ていきましょう。研究者の中には「ヒトは進化の過程で太りやすくなった」「太りやすくなったことでヒトが生き残る可能性が高まった」という説を唱える人がいます。

そもそも「太る」というのは、体に脂肪をためこんだ状態を指します。脂肪には食べ物から得たエネルギーのうち、使われなかったものが蓄えられます。要するに、「必要以上に食べ過ぎると脂肪が増えて太る」という単純な理屈です。

かつて人類が狩猟採集を行なっていたときは、食べ過ぎるという状況はほとんどあり得なかったでしょう。むしろ、思うように獲物や木の実などにありつけず、食料難に直面する機会が多かったに違いありません。

飢餓に陥ったとき、もし食物から得たエネルギーを長期間体内に蓄える能力があれば、生き延びる確率が高まります。そこで脂肪をためこみやすい遺伝子を持つ人が出現して、その遺伝子が生存上有利に働いたので、その後の世代にも広がったということは考えられます。

現在では遺伝子の研究が進み、肥満の原因は食べ過ぎや運動不足だけでなく、遺伝の影響も大きいことがわかっています。太りやすさに影響する遺伝子を調べる研究により、BMIの値と相関するFTO遺伝子（Fat mass and obesity associated gene ＝脂肪量と肥満に連関する遺伝子）というものが報告されました。

BMIとは、体重（kg）／身長（m）の2乗で表わされ、肥満ややせ傾向を示す指標として使われています。18・5〜25・0が標準体重で、25以上が肥満とされます。

よくダイエットがうまくいかない人に対して「人間はもともと脂肪をためこみやすい遺伝子を持っているから、普通に食べている限り太ってしまうのは当然です」などというのは、こういった報告を背景にしているわけです。

では、本当にヒトは進化の過程で太りやすい体質を獲得したのでしょうか。

ヒトゲノムを解析すると、ＢＭＩ値と相関する一塩基多型（ＳＮＰ）の組み合わせは数多く存在することがわかります。ひとつのＳＮＰがＢＭＩの値と相関しているように見えて、実は別のＳＮＰと相関しているということがあります。また、ＢＭＩ値が高いことは太っていることと必ずしもイコールではありません。脂肪が少なく筋肉量が多い人もＢＭＩ値は高くなるからです。

簡単にいうと、「人類が進化の過程で太りやすくなった」「太りやすくなったために生存に有利になった」ということを判断するのは難しいのが現状です。

私の考えでは、突然変異で太りやすい遺伝子を持った人が、飢餓のときにほかの人より生き延びることができたというのはあり得たと思います。ただ同時に、やせやすい人が生き延びることもあったと思います。ある時代以降は、言語能力や道具を使いこなす能力を活用することで、やせやすい人でも生き延びることができただろうからです。

まだ確実なことはいえませんが、「太っていてもやせていても、どちらでも生き延びることができた」というのが現時点での私の結論です。

目がよく見えても、生存に有利とは限らない

次にお話しするのは色覚についてです。

色覚は網膜にある視細胞の錐体《すいたい》というものにかかわっています。ヒトの錐体は、赤、緑、青の3色に対応する「オプシン」というタンパク質を持っています。そのため三色型色覚を持っていると表現されます。「S錐体」「M錐体」「L錐体」という3種類の錐体細胞（オプシン）をセンサーとすることで色を認識しているということです。

東京大学大学院新領域創成科学研究科・人類進化システム分野教授の河村正二氏によると、ヒトは3種類の色覚の組み合わせで、数百万の種類の色を見極めることができるといいます。パソコンのモニターなどがRGB（赤緑青）で表現されているのは、人類が三色型色覚だからです。

一方、哺乳類の多くは、M（緑）錐体を持たず、L（赤）錐体とS（青）錐体のみの二色型色覚です。よく、犬や猫などは白黒で世界を見ているなどといわれますが、実際には2種類の色覚だけで色を作り出しているということになります。

鳥類は四色型色覚であり、L（赤）、M（緑）、S（青）、VS（紫外線）のセンサーを持っています。ヒトには紫外線が見えませんが、鳥には識別できるため、たとえば同じ花を見てもヒトにはひとつの色にしか見えないのに、鳥には模様が見えているといったことが起こり得ます。

地球に生命が誕生してから動物がはじめて視覚を獲得したのは、脊椎動物が誕生する以前のことであり、近紫外〜青を感じる能力だったとされています。その後、脊椎動物が進化する過程で鳥類や爬虫類の中に四色型色覚を獲得するものが誕生したといわれます。

しかし、哺乳類の祖先は恐竜が幅を利かせていた中生代に夜行性の生活を送るようになり、4種類の錐体細胞のうち2種類が失われてS錐体とL錐体の二色型に退化したと考えられています。

やがて恐竜が絶滅すると、霊長類の先祖が登場し、その中から昼行性の生活を送る者が現われました。霊長類の先祖は樹上生活をしており、森林では多くの波長の光を認識できる個体のほうが生存に有利でした。結果的に、進化の過程でM錐体を獲得するようになり、現在の人類にもつながる三色型色覚になったと考えられるのです。

今、私たちが基本的に明るい環境下でカラフルな服を着て生活を送っているのは、三色型色覚だからといえます。ほかの生物でいえば、鳥は昼行性でカラフルな種が多く四色型色覚を持つなど色覚に優れていますが、夜間は「鳥目」といわれるように視力が利かなくなります。逆に、ネズミのように夜行型の動物は色の識別能力は低く、グレー系のくすんだ色をしています。

さらに、魚類は5種類のオプシンを持っていて圧倒的に優れた色覚があることがわかっています。これは水中の光が時間や天候、海・川・湖などの環境、水深や水質によってさまざまに変化し、それが魚の色覚を発達させたと考えられています。

さて、先ほど人類は三色型色覚を持っているといいましたが、正確にいうと、霊長類の中で狭鼻猿類は基本的にすべて三色型ですが、ヒトだけは三色型と二色型に分かれ、広鼻猿類も三色型と二色型に分かれます。この理由は、赤オプシン遺伝子はX染色体で緑オプシン遺伝子の隣にあり、しかも1〜数個存在します。このため不等交叉という変化が起きやすく、赤オプシン遺伝子がなくなることがあるからです。このため、ヒトの男性のうち約3〜8%には二色型色覚と変異三色型色覚が見られます。

河村正二氏の研究グループは、色覚の違いがどのように食物の採集に影響しているのかを観察するため、二色型の個体と三色型の個体が混在する広鼻猿類の集団を対象に調査しました。調査の結果、サルは果物を取るときに色覚以外に嗅覚や触覚なども活用していることがわかりました。果物を取る効率は二色型の個体と三色型の個体に顕著な差はなかったのです。

また、昆虫を捕る場合は、三色型と比較して二色型のほうが時間当たりの接触量が多いことがわかりました。つまり、二色型のほうが採食効率が悪いとはいえないことが明らかになったのです。むしろ集団の中でお互いの得意な能力を生かし、不得意な能力を補い合ったほうが効率的に食物を得られるため、色覚には多様性のあったほうがよいと考えられるわけです。

ヒトの場合、色覚型が三色型と異なる場合、検査などで「色覚異常（色覚特性）」などと診断されます。色覚の違いには程度の差があり、検査で指摘されてはじめて気づくケースもあれば、生活に不便を感じるケースもあります。ただ、多くの場合は日常生活に支障をきたすほどではありません。

二色型色覚と変異三色型色覚の男性が5〜8%存在しているということは、これらの人々が極端に例外的というわけではないということになります。現に私の身近にも色覚異常と診断されている人はたくさんいます。

ちなみに、二色型の色覚を持つ人は、三色型色覚の人に比べてカモフラージュされた素材を判読する能力に長けています。そのため、第二次世界大戦中に二色型の色覚を持つ人を集めて、飛行機の上からカモフラージュされた戦車や軍用機を探し出す役割を担わせていたという話があります。これも一種の多様性の活用といえるかもしれません。

結論をいえば、二色型色覚と変異三色型色覚は生存上不利だったとはいい切れず、それほど大差がないといったほうが正しいでしょう。

嗅覚が弱くてもなんとか生き延びた生物

嗅覚は空気中にあるにおいの分子を鼻腔上部の嗅覚受容体がとらえ、嗅覚神経を通じて脳に信号として伝えるという仕組みで成り立っています。この受容体の数が多いほど、嗅覚に優れているといえます。

宮崎大学農学部教授の新村芳人氏の研究では、アフリカゾウの嗅覚受容体の遺伝子は1948個であり、一般に嗅覚に優れているとされるイヌ（811個）の2倍以上、ヒト（396個）の約5倍であることがわかりました。動物の中でもっとも嗅覚に優れているのはゾウということになりそうです。実際、野生のアフリカゾウはケニアのふたつの民族集団をにおいで区別できるとも報告されています。

哺乳類の共通祖先はネズミのような夜行性の動物であり、約800の嗅覚受容体遺伝子を持っていたと推定されています。この遺伝子に突然変異があると、遺伝子の機能が失われてしまうことがあります。以前は機能していたのに、機能が失われてしまった遺伝子の残骸を偽遺伝子といいます。人類は機能遺伝子を400くらい、偽遺伝子を400くらい持っていることになります。つまり、人類は進化の過程で嗅覚が弱まったということです。

今までは一般的に霊長類は視覚を発達させるかわりに、嗅覚を弱める進化を遂げてきたと解釈されてきましたが、この考え方には疑問が投げかけられています。

霊長類のさまざまな種について比較解析を行なったところ、三色型色覚を持たないマーモセット（霊長目マーモセット科〔キヌザル〕の総称）の偽遺伝子の割合はほかの種と比較して低いことがわかりました。これだけを見ると、視覚が発達して嗅覚が弱まる（視覚が発達しなければ嗅覚も弱まらない）が成立しているように思えます。

しかし、マーモセットの機能遺伝子の数はヒトやチンパンジーとほぼ同レベルであり、アカゲザルやオランウータンのほうが少ないことも判明しています。そうなると偽遺伝子の割合だけでは嗅覚機能を判断できないことになります。また、霊長類の中で見ると、ヒトだけが特別に嗅覚が弱くなったわけではありません。オランウータンやチンパンジーはむしろヒトよりも嗅覚受容体の数は少なくなっています。

以上をまとめると、色覚型と嗅覚の変化はあまり相関性がなく、嗅覚が弱くなったからといって特別生存に不利になったとはいえなさそうです。

同じ人類なのになぜ、肌の色が違うのか

現在、世界に住む人たちは多様な肌の色をしていますが、これは人類の進化とどのように関係しているのでしょうか。まず、遺伝子の変化の大部分は、自然淘汰とは無関係の中

立進化ですが、一部は自然淘汰に影響されます。ヒトに限らず動物の皮膚の色は、紫外線の強さに影響されることが知られています。

アフリカの中央部では皮膚の色が濃いほうが生存に有利であり、実際にその地域のアフリカ人は皮膚の色が濃くなっています。生存に有利というのは、メラニン色素が沈着した濃い皮膚色のほうが紫外線から身を守る効果があるとされることによります。ただし、生存に有利かどうかは地域によって異なります。肌の色によって一概に「肌が黒い人は生存に有利」などと断定することはできません。また、皮膚の色が濃いからといって、紫外線の少ない地域での生活に適さないということでもありません。現に、アフリカ系の人はアメリカや北欧などでも当たり前に生活をしています。

ところで、今「アフリカの中央部」と限定したように、アフリカの人がすべて同じような肌の色をしているわけではありません。サン人というアフリカ南部のカラハリ砂漠に住む狩猟採集民族がいます。サン人は、サハラ以南のアフリカに分布するバントゥー族と呼ばれる大きなグループに追いやられ、サバンナからカラハリ砂漠へと移動を余儀なくされたと考えられています。
このサン人の肌は黒というより黄褐色をしています。アフリカ中央部の人たちと比較すると色が薄く感じられるくらいです。ほかにはアフリカ北部のチュニジア、リビア、エジプトといった地域も、皮膚の色は薄くなっています。系統でいえば、アフリカ中央部の人たちよりもサン人のほうが古いですから、アフリカ中央部の人たちは10万年ぐらいの間に、環境に適応して徐々に肌の色が濃くなったと考えられています。

なお、前述した内容と矛盾するようですが、紫外線の強い赤道直下の地域でも、肌の色が黒くないケースも見られます。たとえば、南アメリカのブラジル、エクアドルなどに住む人たちには褐色の人たちが目立ちます。南米には1万年以上前には人が住んでいましたが、皮膚の色が黒くなっていません。皮膚の色が黒くなる突然変異が生じなかったのかもしれませんし、突然変異があっても定着しなかったのかもしれません。

なぜ我々だけが生き残ったのか

それでは本書の最後に、私たち人類は今後どうなっていくのかについて触れておきたいと思います。結論からいうと、人類はいずれ絶滅します。私自身が虚無主義者だからというのもありますが、そもそもほとんどの生物は絶滅するものだからです。

私たちの祖先が誕生した頃、まわりに生存していたたくさんの生物種は、その後ほとんど死に絶えました。ネアンデルタール人も偶然によって絶滅しただけであり、逆にたまたま私たちの祖先である新人が生き残ったに過ぎません。

今後、技術革新によって人類が火星や金星、あるいはほかの惑星に進出していったら、地球上で人類が絶滅しても、どこかで生き延びる可能性はあります。ただし、今の私たちと同じような姿かたちをした生き物だけを「人類」と定義したならば、将来的に人類が絶滅するのは確実です。

人類の姿かたちは突然変異によっていずれは変わっていきます。52ページで言及したアルディピテクスなど、数百万年前の人類の祖先と今の人類とでは顔形は大きく変化しています。当然、将来的にはもっと別の姿かたちへと変化が続くでしょう。

ハリウッド俳優のケビン・コスナーが主演した映画に『ウォーターワールド』という作品があります。この物語の舞台は温暖化の影響によって海面が上昇し、海洋惑星と化している将来の地球です。地球には、エラや水かきを備えたミュータントが出現していて、ケビン・コスナーもそんなミュータントのひとりとして描かれています。私はエンターテインメントとしてこの映画を楽しみましたが、実際にあのような突然変化が起こり得る可能性があります。

人類が火星に移住した場合も、やはり火星で生活をするうちにさまざまな変化を経験し、今の人類から大きな変貌を遂げるはずです。それはもはや人類とは似ても似つかないものになっているでしょう。


また、まさに現在問題となっている新型コロナウイルス感染症のように、細菌やウイルスが人類を襲うというのは、これまでの歴史において何度となく繰り返されてきました。

たとえばペストは540年頃、ヨーロッパのビザンチウム（コンスタンティノープル）で広がったのが最初とされ、中世期にはヨーロッパ全土で大流行し、ヨーロッパだけで実に全人口の4分の1〜3分の1にあたる2500万人が死亡したとされます。

ちなみに、日本では894年に菅原道真の提言で遣唐使が廃止されています。私の妄想では、使節として中国に渡った人が帰国時にペストをもたらしたのではないかと考えています。このために菅原道真が遣唐使の廃止を提案し、受け入れられたのではないか、というものです。

ほかの感染症に目を向けると、天然痘は紀元前から周期的に流行が見られ、15世紀の末以降にはコロンブスの新大陸発見によってアメリカ大陸で大流行しました。1980年になってWHOがようやく根絶宣言を出し、人類が根絶した唯一の感染症となっています。1918年にはスペイン風邪（インフルエンザ）が世界的に大流行し、世界で4000万人以上が命を落としたとされています。

いずれ人類は新型コロナウイルスのパンデミックを乗り越えるのでしょうが、新たな細菌やウイルスとの戦いはどこかで必ず起きるはずです。感染症が人類を滅ぼさないともいい切れません。

ほかにも人類の生存を脅かす要素はたくさんあります。私が中学生だった頃、1972

『成長の限界』でしめされたシミュレーション

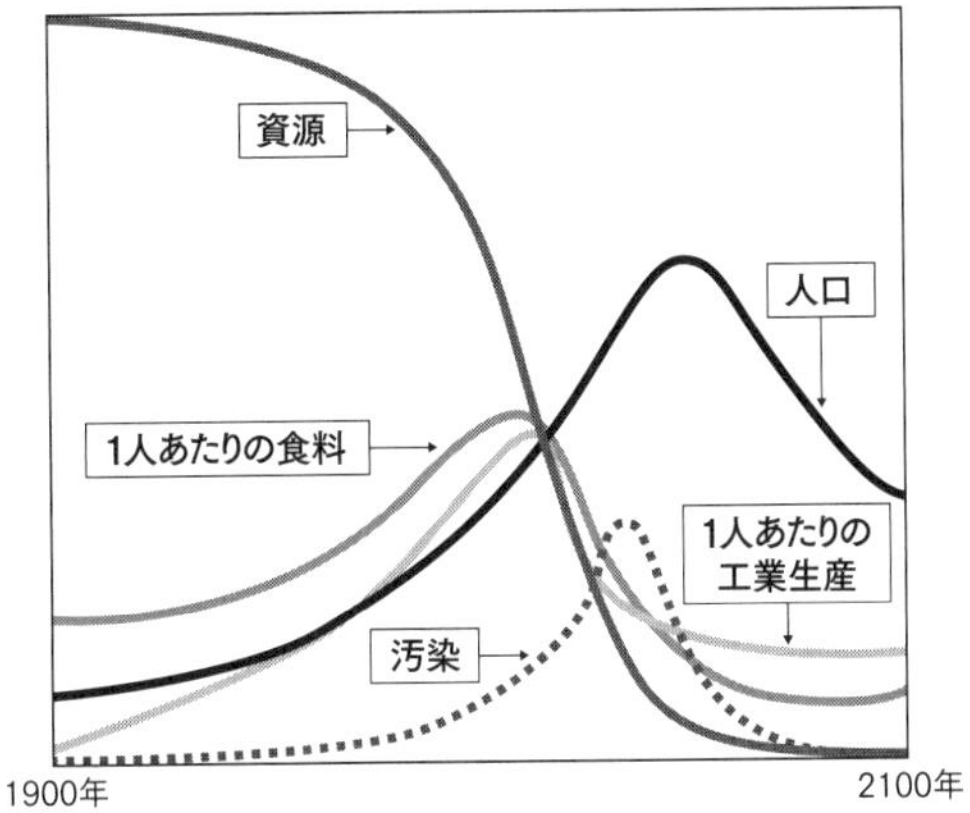

出典：ドネラ・H.メドウズ『成長の限界』

年にローマ・クラブが『成長の限界』という報告書を発表し、大きな話題を呼びました。ローマ・クラブとは自然科学者や経済学者、教育者、経営者などが集まって構成された、スイス法人の民間組織です。

マサチューセッツ工科大学のメドウズのグループがコンピュータによるシミュレーションで、地球の将来予測を行ないました。その報告書こそが『成長の限界』です。『成長の限界』では、地球で人口増加による食料不足が起き、環境汚染や天然資源の枯渇によって現在のままでの経済成長は限界に達するという予測を発表し、世界に警鐘を鳴らしました。

たしかに、人口爆発とそれによる食料難が人類を危機に陥れるという主張は強く懸念されているところです。現在の地球の総人口は約79億人であり、2100年頃に110億人に達しピークを迎えると予測されています。その前後から人口が減少に転ずるという主張もあります。

私は200億人程度が人類の人口容量の限界ではないかと考えています。200億人はまだまだ先のように思われるかもしれませんが、このペースで人口増加が続けば意外に遠からず到達する数字です。その意味では、日本で21世紀になってから人口減少が起こっているのは、悪くない傾向だと思っています。江戸時代の人口である3000万人程度にまで減ったほうが、むしろ理想的な環境ではないかと思うくらいです。

実際に将来の人類がどのように生きているのかを確かめるのは不可能ですが、無条件によりよく変化していくと考えるのは間違っています。

私たちは偶然生き残っているだけ。優れた生き物だから当たり前のようによりよく変化して生き延びていくという考えはあらためたほうがいい、と私は考えます。

おわりに

本書は、SBクリエイティブの編集者である小倉碧さんから2020年8月に企画を提案され、この度完成したものです。本書のタイトルも、紆余曲折はありましたが、当初小倉さんが提案されたものになりました。新型コロナウイルス感染の状況にもかかわらず、2度三島にある私の研究室に来ていただき、また私が東京にうかがうこともありました。そのほかオンラインでの話し合いを行なって、人類進化に関する私の考え方をお話ししました。この録音をもとにして、ライターの渡辺稔大さんが独自取材を含めた内容を盛りこみ、原稿を作成されました。それが本書となります。小倉さんと渡辺さん、またイラストを担当された東海林巨樹《なおき》さんに感謝します。

「いつか、人類進化に関するこんな本を書けたらいいな」と、以前から漠然と考えていました。もう少し硬い本として、今年の11月にはブルーバックスから『図解人類の進化』が刊行されます。こちらは2009年に講談社から刊行された『絵でわかる人類の進化』をほぼ再掲したものです。海部陽介氏、米田穣氏、隅山健太氏との共著です。今年はそのほかにやはり11月に一色出版から『ヒトゲノム事典』が刊行されます。本書は、私を編集委員長として、6人の編集委員がおり、約100人による共同執筆を行ないました。また現在執筆中ですが、来年刊行予定の書籍として、『ゲノム進化学』(仮題)があります。こちらは2007年に共立出版から刊行された教科書『ゲノム進化学入門』の大幅改訂版です。人類のゲノム進化も登場します。まだほとんど原稿を書き進めていないのですが、2022年はこの他に2冊の単著を刊行する見通しです。ひとつは『さかのぼり生命史』(仮題)、もうひとつは『絵でわかる日本列島人の歴史』(仮題)で、いずれも講談社から刊行予定です。また英語の書籍になりますが、私の研究室に在籍している助教・ティモシー・ジナム氏とふたりで、日本語に訳すと『集団ゲノム学入門』となる教科書的な書籍を2022年秋までに執筆し、私がシリーズ・エディターを務めるシュプリンガー社のEvolutionary Studies Seriesの一環として、2023年に刊行予定です。

縁あって、私は1991年1月から30年以上、ここ静岡県三島市にある国立遺伝学研究所に勤務しています。本書でもあちこちに登場する中立進化の考え方を提唱した故・木村資生先生が在籍された研究所でこれほど長く研究することができ、とても幸運でした。私は2022年3月末で定年退職しますが、研究は死ぬまで行なうつもりです。自分の研究成果を含めて、日本語の本もまだまだ刊行したいと思っています。本書も、将来どなたかに読んでいただければ、うれしく存じます。

父親の友人として、私が子どもの頃から存じ上げていた故・谷口等先生は、父とともに宮沢賢治の「星めぐりの歌」がお好きでした。今年開催された東京オリンピックの閉会式でも、この歌が流れたそうです。本書を谷口先生に捧げます。

2021年11月1日　静岡県三島市にて

斎藤成也

in the human lineage. Nature, vol. 428, pp. 415 – 418.
Tokunaga K. ほか（1991） Ideal body weight estimated from the body mass index with the lowest morbidity. International Journal of Obesity, vol. 15, pp. 1 – 5.
新村芳人（2018） 嗅覚はどう進化してきたか. 岩波書店.

おわりに

井ノ上逸朗ほか編（2021） ヒトゲノム事典. 一色出版.
斎藤成也編（2021） 図解人類の進化. ブルーバックス.

保志宏（1997） ヒトの成長と老化．てらぺいあ．
Stoneking M.（2017） Genes, culture, and human evolution. OBM Genetics, vol. 1.
Weder A. B.（2007） Evolution and hypertension. Hypertension, vol. 49, pp. 260 – 265.
https://www.excite.co.jp/news/article/Tocana_201504_post_6263/
https://www.mitchmedical.us/sexual-selection/copulatory-postures.html

第4章

Cole S. T. ほか（2001） Massive gene decay in the leprosy bacillus. Nature, vol. 409, pp. 1007 – 1011.
Farrell H.B. McD.（1984） The two-toed Wadoma – familial ectrodactyly in Zimbabwe. South African Medical Journal, vol. 65, pp. 531 – 533.
埴原和郎（1972） 人類進化学入門．中公新書．
井上直彦（1990） 食生活の変化と顎の退化．バイオメカニズム学会誌，14巻．
Masahata K. ほか（2014） Generation of colonic IgA-secreting cells in the caecal patch. Nature Communications, vol. 5, article 1038.
Putnam N. H. ほか（2008） The amphioxus genome and the evolution of the chordate karyotype. Nature, vol. 453, pp. 1064 – 1071.
Stedman H. ほか（2004） Myosin gene mutation correlates with anatomical changes in the human lineage. Nature, vol. 428, pp. 415 – 418
斎藤成也（2011） ダーウィン入門．ちくま新書．
Saitou N.（2018） Introduction to Evolutionary Genomics Second Edition. Springer.

第5章

岡ノ谷一夫（2003） 小鳥の歌からヒトの言葉へ．岩波書店．

Claussnitzer M. ほか（2015） FTO obesity variant circuitry and adipocyte browning in humans, New England Journal of Medicine, vol. 373, pp. 895 – 907.

河村正二（2021） 色覚多様性の意味について．FBNews, 536号，1 – 6頁．

Meadows D. H. ほか著、大来佐武郎監訳（1972） 成長の限界．ダイヤモンド社．

Neel J. V.（1962） Diabetes mellitus: a “thrifty” genothype rendered detrimental by “progress”? American Journal of Human Genetics, vol. 12, pp. 353 – 362.

斎藤成也（2004） 言語能力の遺伝的基礎．大航海，52号，114 – 121頁．

斎藤成也（2016） 歴誌主義宣言．ウェッジ．

佐藤矩行編（1998） ホヤの生物学．東京大学出版会．

Stedman H. H. ほか（2004） Myosin gene mutation correlates with anatomical changes

nids. Science, vol. 326, pp. 64 – 86.
Zollikofer C. P. E. ほか(2005) Virtual cranial reconstruction of *Sahelanthropus tchadensis.* Nature, vol. 434, pp. 755 – 759.

第2章

印東道子編(2013) 人類の移動誌. 臨川書店.
Kanzawa-Kiriyama H. ほか(2019) Late Jomon male and female genome sequences from the Funadomari site in Hokkaido, Japan. Anthropological Science, vol. 127.
斎藤成也(2017) 核DNA解析でたどる 日本人の源流. 河出書房新社.
斎藤成也編(2021) 図解人類の進化. ブルーバックス.
沢田順弘ほか(2001) 東アフリカ大地溝帯の地球科学的研究：回顧と展望. アフリカ研究, 58号, 11 – 18頁.
藤尾慎一郎(2015) 弥生時代の歴史. 講談社現代新書.
溝口優司(2020) [新装版]アフリカで誕生した人類が日本人になるまで. SB新書.

第3章

井村裕夫(2019) 病は「その場しのぎ」の進化による「矛盾」の産物. HEALTHIST, vol. 253, pp. 2 – 7.
井ノ上逸朗(2009) 高血圧の進化的な由来を探る. 総研大ジャーナル, 15号, 14 – 17頁.
木村賛編著(2002) 歩行の進化と老化. てらぺいあ.
Kittler R. ほか(2003) Molecular evolution of *Pediculus humanus* and the origin of clothing. Current Biology, vol. 13, pp. 1414 – 1417.
Liu X. ほか(2012) Extension of cortical synaptic development distinguishes humans from chimpanzees and macaques. Genome Research, vol. 22, pp. 611 – 622.
奈良貴史(2016) 人類進化の負の遺産. バイオメカニズム, 23巻, 1 – 8頁.
Nishikimi M. ほか(1991) Molecular basis for the deficiency in humans of gulonolactone oxidase, a key enzyme for ascorbic acid biosynthesis. The American Journal of Clinical Nutrition, Vol. 54, pp. 1203 – 1208.
Portman A. 著, 高木正孝訳(1961) 人間はどこまで動物か. 岩波新書.
Reed D. L. ほか(2007) Pair of lice lost or parasites regained: the evolutionary history of anthropoid primate lice. BMC Biology, vol. 5, article 7.
Salinger J. D. 著, 野崎孝訳(1974) ナイン・ストーリーズ. 新潮文庫.
島泰三(2004) はだかの起原. 木楽舎.

参考文献一覧

はじめに

Darwin C.著、八杉龍一訳（1963） 種の起原（上）. 岩波文庫.
Darwin C.著、八杉龍一訳（1968） 種の起原（中）. 岩波文庫.
Darwin C.著、八杉龍一訳（1971） 種の起原（下）. 岩波文庫.
Delange E.著、ベカエール直美訳（1989） ラマルク伝. 平凡社.
木村資生（1988） 生物進化を考える. 岩波新書.
斎藤成也（1997） 遺伝子は35億年の夢を見る. 大和書房.
斎藤成也（2007） ゲノム進化学入門. 共立出版.
斎藤成也（2009） 自然淘汰論から中立進化論へ. NTT出版.
斎藤成也（2011） ダーウィン入門. ちくま新書.
http://darwin-online.org.uk

第1章

Brunet M. ほか（2002） A new hominid from the Upper Miocene of Chad, Central Africa. Nature, vol. 418, pp. 145 – 151.

Détroit F. ほか（2019） A new species of *Homo* from the Late Pleistocene of the Philippines. Nature, vol. 568, pp. 181 – 186.

Hatala K. G. ほか（2016） Laetoli footprints reveal bipedal gait biomechanics different from those of modern humans and chimpanzees. Proceedings of the Royal Society B, vol. 283, article 20160235.

Lebatard A.-E. ほか（2008） Cosmogenic nuclide dating of *Sahelanthropus tchadensis* and *Australopithecus bahrelghazali*: Mio-Pliocene hominids from Chad. Proceedings of National Academy of Sciences of the USA, vol. 105, pp. 3226 – 3231.

Morimoto N. ほか（2018） Femoral ontogeny in humans and great apes and its implications for their last common ancestor. Scientific Report, vol. 8, article 1930.

長田直樹（2019） 進化で読み解く バイオインフォマティクス入門. 森北出版.

Saitou N.（2018） Introduction to Evolutionary Genomics Second Edition. Springer.

斎藤成也編（2021） 図解人類の進化. ブルーバックス.

Suwa G. ほか（2009） The *Ardipithecus ramidus* skull and its implications for hominid origins. Science, vol. 326, pp. 68 – 68e7.

White T. D. ほか（2009） *Ardipithecus ramidus* and the paleobiology of early homi-

【な行】

【は行】

【た行】

【さ行】

索　引

著者略歴

斎藤成也（さいとう・なるや）

1957年、福井県生まれ。国立遺伝学研究所教授。琉球大学医学部特命教授、総合研究大学院大学遺伝学専攻教授、東京大学大学院理学系研究科生物科学専攻教授を兼任。さまざまな生物のゲノムを比較し、人類の進化の謎を探る一方、縄文人など古代DNA解析を進めている。著書に『核DNA解析でたどる 日本人の源流』（河出書房新社）、『日本列島人の歴史』（岩波ジュニア新書）、『ゲノム進化学入門』（共立出版）ほかがある。

SB新書　565

人類《じんるい》はできそこないである

失敗《しっぱい》の進化史《しんかし》

2021年12月15日　初版第1刷発行

著　者　斎藤《さいとう》成《なる》也《や》

発行者　小川 淳

発行所　SBクリエイティブ株式会社

〒106-0032　東京都港区六本木2-4-5

電話：03-5549-1201（営業部）

装　幀　長坂勇司（nagasaka design）

イラスト　東海林巨樹

本文デザイン・DTP　米山雄基

編　集　小倉 碧（SBクリエイティブ）

編集協力　渡辺稔大、柴田恵理

印刷・製本　大日本印刷株式会社

本書をお読みになったご意見・ご感想を下記URL、
または左記QRコードよりお寄せください。
https://isbn2.sbcr.jp/03113/

ISBN 978-4-8156-0311-3

名言のクスリ箱　大山くまお

子どもの幸せを一番に考えるのをやめなさい　陰山英男

極上のおひとり死　松原惇子

知らないと損をする男の礼儀作法　諏内えみ

銀行を淘汰する破壊的企業　山本康正

捨てられる男たち　奥田祥子

誰も知らないとっておきの世界遺産ベスト100　小林克己

管理職はいらない　野口竜司

「人に迷惑をかけるな」と言ってはいけない　坪田信貴

日本人が知らない世界の黒幕　馬渕睦夫